U0437542

处世与出世

吴言生译注《菜根谭》

〔明〕洪应明 著　吴言生 译注

陕西新华出版
陕西人民出版社

图书在版编目（CIP）数据

处世与出世：吴言生译注评点《菜根谭》/（明）洪应明著；吴言生译注. -- 西安：陕西人民出版社，2023.11

ISBN 978-7-224-14965-4

Ⅰ. ①处… Ⅱ. ①洪… ②吴… Ⅲ. ①《菜根谭》—译文 ②《菜根谭》—注释 Ⅳ. ① B825

中国国家版本馆 CIP 数据核字 (2023) 第 105456 号

出 品 人：赵小峰
总 策 划：关　宁
出版统筹：韩　琳
策划编辑：王　倩　王　凌
责任编辑：刘　龙　晏　藜
整体设计：品格设计
封面设计：哲　峰

处世与出世：吴言生译注评点《菜根谭》
CHUSHI YU CHUSHI：WU YANSHENG YIZHU PINGDIAN《CAIGENTAN》

作　　者：〔明〕洪应明
译　　注：吴言生
插　　图：周　旭
出版发行：陕西人民出版社
　　　　　（西安市北大街 147 号　邮编：710003）
印　　刷：陕西隆昌印刷有限公司
开　　本：889 毫米 ×1194 毫米　1/32
印　　张：11.75
字　　数：260 千字
版　　次：2023 年 11 月第 1 版
印　　次：2023 年 11 月第 1 次印刷
书　　号：ISBN 978-7-224-14965-4
定　　价：79.80

前言

《菜根谭》是中国明朝万历（1573—1620）年间问世的一部奇书，它的作者是深得中国文化精髓神韵的洪应明先生。洪应明字自诚，号还初道人，意思是回归初心的修道人。为什么把这本书的名字叫《菜根谭》？中国北宋学者汪信民（1071—1110）说，一个人能够"咬得菜根"，则"百事可做"。一般人喜欢吃菜心菜叶，很少愿意吃菜根，因为菜根平淡粗糙，难以咀嚼下咽。愿意吃菜根，并且吃得津津有味，这种人的心性修养很淡定，不会追求物质生活的奢华，不容易受到物质欲望的诱惑，能把平淡的生活过得有声有色有滋有味，也可以做好任何想做的事情。

洪应明就是用这样的寓意，写下了脍炙人口的《菜根谭》，这本书成为流传广远的东方智慧宝典。吃着菜根，还能从容愉悦地谈天谈地，谈古谈今，谈情谈爱，这是一个多么让人神往的境界。

《菜根谭》融合了中国传统文化中儒家的中庸智慧、道家的无为智慧、佛家的超越智慧，给现代人展现了一幅梦寐以求的理想生活图景：在美丽宁静祥和的自然山水和人文氛围里，在粗茶淡饭的平常生活中，过着一种洒脱的开悟的诗意的生活，正如海德格尔所说："人，诗意地栖居在大地上。"《菜根谭》强调的是东方文化的和谐之美。内容主要有三个方面：人与自然的和谐，人与社会的和谐，人的内心的和谐，可以用天和、地和、人和来表示。

《菜根谭》倡导人与自然的和谐，这就是"天和"。在东方

文化中，人与自然亲和地相处，"天人合一"。因为天人合一，所以天地的心体就是人的心体，天地的祥星瑞云就是人的喜悦之气，天地的雷电风雨就是人的愤怒之气。人与天地同心同体，天地对人有着强大的疗愈力量。借助自然物境调节心灵，徜徉在山林泉石间，为世事奔波忙碌的心念就会渐渐止息，从而超尘脱俗，神骨俱清。

《菜根谭》倡导人与人间的和谐，这就是"地和"。社会是由无数个体组成的，你中有我，我中有你，所以我们要相互包容、相互奉献、相互成就，而不要去相互算计、相互索取、相互伤害。中国文化历来崇尚和谐和善和气和蔼和平，以和为贵。当今，如果我们能在关注个体主义、重视个人权利的同时，多一份对他人的包容和关爱，人际关系会更加和谐美好。

《菜根谭》倡导人内心的和谐，这就是"人和"。内心没有了贪嗔痴，没有了矛盾和痛苦，就是最和谐的状态。当我们的内心没有了贪欲，我们就不会走上追求欲望的不归

路；当我们的内心没有了嗔恨，我们对他人对万物就充满了感恩；当我们的内心没有了愚痴，我们的生命就多了份宁静和清醒，多了份从容与淡定。一个人心中充满昂扬进取的精神固然非常可贵，但当美好的理想在现实的铁壁上碰得鼻青脸肿时，则往往需要看透执着，抚慰伤悲，《菜根谭》的智慧就是神奇有效的疗愈良方。

前言

作为一部中国文化的优秀读本,《菜根谭》在历史上广为流传,形成了不同的版本,其中两个版本比较主要,分别是明代刻版与清代刻版。明刻版前后两集,是日本内阁文库昌平坂学问所的藏本。《菜根谭》的清代刻版是一卷本,分为"修省""应酬""闲适"等几个章节。这次使用的版本是明代刻版。

现在,让我们一起走进《菜根谭》的智慧世界。我相信,在这里你一定会开心喜悦,满载而归。

目录

前集　1

后集　229

前集

宁受一时之寂寞，毋取万古之凄凉

栖守道德者，寂寞一时；依阿权势者，凄凉万古。达人①观物外之物，思身后之身②。宁受一时之寂寞，毋取万古之凄凉。

今译：

坚持道德准则的人，也许会经受短暂的寂寞，可是那些依附权势的人，却会遭受永久的孤独。通达的人重视现实物质生活以外的精神生活和道德修养，他们会顾惜到死后的声名荣誉。所以，人生在世，宁愿受一时的冷落，也不要遭受永久的凄凉。

点评：

现代社会，人人都热衷于追求繁华与财富。但中国古代的圣贤们却给世人兜头浇下一盆冷水，说功名利禄之外，道德品性也很重要。追名逐利的人，可能会门庭若市，但快乐只能是一时的；追求精神价值的人，可能不会马上大红大紫，但他美好的品性却将在后世一直传扬。所以，我们一方面要享受得了繁华，一方面也要耐得住寂寞。虽然暂时寂寞，但我们的知音，会在未来的世界里和我们相知相遇相许。

---

①达人：指智慧高超、胸襟开阔、眼光远大的人。物外之物：现实物质生活以外的精神生活和道德修养。

②身后之身：死后的声名。

涉世浅者点染浅，历事深者功利深

涉世浅，点染亦浅。历事深，机械亦深。故君子与其练达，不若朴鲁；与其曲谨，不若疏狂。

今译：

阅历浅的人受到的污染也浅。饱经世故的人城府必然也很深。君子与其成熟老到通世故，不如保持朴素愚钝淳厚的天性；与其要谨小慎微处处委曲求全，还不如狂放不羁活得洒脱。

点评：

中国的传统启蒙经典《三字经》说："人之初，性本善。性相近，习相远。"人活于世，本心纯朴善良，但在成长过程中，难免会经受世俗的熏染。我们在学习各种技能的同时，也会沾染上很多世俗的习气。刚踏入社会的年轻人，因为阅历有限，反而容易保留纯真的天性，待人真诚坦率。而那些饱经世故的人，则往往充满城府，处世谨慎圆滑，待人虚与应付。一个有修养的君子，经历了世事沧桑，阅尽了红尘繁华，也依然会保留天性当中真与善的部分，心胸豁达，性情开朗，坦坦荡荡。

君子心事使人知，君子才华不轻露

君子之心事，天青日白，不可使人不知；君子之才华，玉韫珠藏①，不可使人易知。

今译：

君子的心地，像青天白日般光明，没有一点不可以告人；君子的才华，像珍珠美玉般深藏不露，绝对不会让人轻易知道。

点评：

陆机《文赋》说："石蕴玉而山辉，水怀珠而川媚。"石头因蕴含美玉而光彩夺目；川水因含纳宝珠而秀美动人。有修养的君子，心地光明，胸怀坦荡，待人真诚。他的才华犹如石中玉、水中珠，温润秀丽但毫不张扬。君子为人处世，磊磊落落。如果锋芒毕露，炫耀才华，势必会引起他人的猜忌和疏离。所以，心胸坦荡是做人的原则，才华内敛是处世的艺术。

---

①《论语·子罕》："有美玉于斯，韫匮而藏诸，求善而沽诸？"陆机《文赋》："石韫玉而山辉，水怀珠而川媚。"

势利纷华近之不染，智械机巧知而不用

势利纷华，不近者为洁，近之而不染者为尤洁；智械机巧①，不知者为高，知之而不用者为尤高。

今译：

权势和利欲，不接近它们的人固然很清白；接近了它们却不受污染的人，就更加清白。权谋和术数，不知道它们的人固然高尚；知道了它们却不使用它们的人，就更加高尚。

点评：

"人为财死，鸟为食亡。"人性中有贪婪的一面，往往为财色名利所诱惑。《汉书》说："势利之交，古人羞之。"以贪求财色名利为目的，去依附权贵，有修养的君子是耻于去做的。能主动远离红尘诱惑的人，固然值得敬重。而那些置身在诱惑中却不受污染的人，知道狡诈诡谲的手段却不去使用，更值得敬重。因为他们抵御财色名利的自制力，坚守道德情操的自控力，更是胜人一筹！

---

①智械机巧：运用心计权谋。

逆耳之言拂心事，即是修行之砥石

耳中常闻逆耳之言①，心中常有拂心②之事，才是进德修行的砥石。若言言悦耳，事事快心，便把此生埋在鸩毒③中矣。

今译：

耳朵经常听到不中听的话，心里经常想到不如意的事，这才是磨炼好品德的砥石；如果听到的话都悦耳动听，遇到的每件事都称心如意，就把一生浸泡在毒酒中了。

点评：

中国古代格言说："良药苦口利于病，忠言逆耳利于行。"老子《道德经》说："信言不美，美言不信。"批评的声音尽管听起来刺耳逆心，却包含着激励人向善的真诚，使人及时改正，少走弯路。苦难是生活最好的老师。所以，哲人们常说"宝剑锋从磨砺出，梅花香自苦寒来""艰难困苦，玉汝于成""生于忧患，死于安乐"如果生活中处处都是甜言蜜语，事事都称心如意，这无异于铺满鲜花的陷阱。人一旦沉醉于此，很容易在不知不觉中放纵了情欲，消磨了斗志，沦陷在销魂蚀骨的快感的毒药里。

---

①逆耳之言：《孔子家语》，"良药苦于口而利于病，忠言逆于耳而利于行。"

②拂心：不顺心。

③鸩毒：鸩是一种有毒的鸟，羽毛有剧毒，泡入酒中可制成毒药，即鸩酒，相传人喝了之后立即死亡。

一日不可无和气，一日不可无喜神

疾风怒雨，禽鸟戚戚①；霁日光风，草木欣欣。可见天地不可一日无和气，人心不可一日无喜神。

今译：

置身在雨骤风急的天气里，连禽鸟都感到哀伤忧虑；雨过天晴长空明净之时，草木欣欣向荣一派生机。可见天地间不可一天没有祥和之气，而人的心也不可一天没有喜悦之情。

点评：

中国古代哲学的一个很高的境界，叫作天人合一。天地万物与社会人事，相互通连，相互影响，共同构成一个大的生命共同体。人作为大自然的一分子，必然会受到大自然的影响。天气恶劣的时候，鸟兽恐慌不安，人心也容易感到伤悲。天气晴好的时候，草木欣欣向荣，人心也喜悦欢畅。《道德经》说："道法自然。"大自然，既是人类社会最高规则"道"的体现者，也是人类最好的老师和取法的对象。大自然狂风暴雨，万物萧条凋零。大自然风和日丽，万物生机勃发。可见，祥和的天地，能长养生命；愉悦的心情，能怡养性情。我们应该以积极乐观的心态生活于斯世，欢喜幸福地度过每一天。

---

①戚戚：忧惧，忧伤。《论语·述而》，"君子坦荡荡，小人长戚戚。"

真味只是淡，至人只是常

醲肥辛甘①非真味，真味②只是淡；神奇③卓异非至人，至人④只是常。

今译：

美酒佳肴大鱼大肉并不是真正的美味，真正的美味只需在粗茶淡饭中来体会；行为举止神奇超群不是德行完美的人，德行完美的人行为和普通人一样平常。

点评：

《道德经》说："大音希声，大象无形，道隐无名。"音乐的最高境界听起来似若无声，物象的最高存在看起来仿佛无形，大道的最高形态是隐而不显。人生修炼的极致境界，是"绚烂之极，归于平淡"。世间万物，莫不如此。就饮食而言，真正的美味佳肴，不是大鱼大肉、山珍海味，而是平平常常的粗茶淡饭。"花天酒地消磨岁月，粗茶淡饭颐养天年。"就人生而言，《庄子》说："至人无己，神人无功，圣人无名。"修养很高的人，不会通过奇特的言行举止来表现自己。他们早已超越了彰显自己的功利之心，看起来反而平淡无奇。然而，正是在这种平凡中，蕴含着一种持久而伟大的力量。

---

① 醲肥辛甘：指各种浓腻的美食。醲，味道浓烈的酒。肥，美食。辛，辣味。甘，甜味。

② 真味：美妙可口的味道。喻人的自然本性。

③ 神奇：指才能智慧超越常人。卓异：才智过人。

④ 至人：道德修养达到完美无缺的人。

悠闲中吃紧，繁忙时悠闲

天地寂然不动，而气机①无息少停；日月昼夜奔驰，而贞明②万古不易。故君子闲时要有吃紧的心思，忙处要有悠闲的趣味。

今译：

天地看起来像是寂静得一动也不动，实际上一时一刻都没有歇息；太阳早上升起，明月晚间出现，旋转不停时隐时现，但它们的光明却永恒不变。所以聪明睿智的君子应该效法自然的变化：在悠闲空暇的时候要有时光不待人的感觉，抓紧时间干一番赖以安身立命的大事；在忙碌的时候也要留出闲暇悠然自得，才能享受到应该享受到的生活乐趣。

点评：

代表了中国古老的智慧的《易经》说："一阴一阳谓之道。"天地宇宙从阴阳和合、日月运行而生。聪明智慧的君子，能从天地日月的运行之道中，深刻体悟到人事的变易之道，把握动静相宜的道理。这样，做事情就会未雨绸缪，张弛有度。闲暇的时候，不放松警惕，居安思危，以防不测；忙碌的时候，从容不迫，临事不乱，气定神闲。

---

① 气机：机，活动。气机指大自然的活动，即天地阴阳之气。

② 贞明：光辉永照。

静中观本心，妄穷真自露

夜深人静独坐观心，始觉妄穷而真独露①，每于此中得大机趣②。既觉真现而妄难逃，又于此中得大惭忸③。

今译：

夜深人静万籁俱寂的时候，独自静坐来观察自己的心，会发现妄念消退真心流露。这个真心开始流露之时，可以觉知到毫无杂念的细微境界；然而真心出现之后不久，虚妄的无明念头仍难以根除，心上就有了羞愧不安的感觉，又产生了改过向善的念头。

点评：

儒释道三家圣人，都特别重视内省的功夫，强调对心性的观照和觉察。在这尘世的喧嚣归于静寂的时分，独自打坐，观心内省，可以清清楚楚地感受到自己的心：一会儿干干净净，一会儿浊流涌动；一会儿平静无波，一会儿欲念翻腾。这种真心和妄念交缠不休的状态，正是观心内省时要降服和克制的最大敌人。观心，就是要充分地觉察到自己的欲念，降服欲念对真心的干扰，将自己的心安住在清净自在的境界当中。佛家讲，一念成佛一念魔。这一念，我们一定要看得紧！

---

①妄穷而真独露：佛教认为一切事物皆非真有，肯定存在就是妄见。真，真境，脱离妄见所达到的涅槃境界。

②机趣：隐微的境地。

③大惭忸：非常惭愧。

得意之时早回头，失意之时莫放手

恩里由来生害，故快意时须早回头①；败后或反成功，故拂心处莫便放手。

今译：

在得到恩宠的时候往往会招来祸害，所以得意时切不可过分沉迷其中，应尽早地全身而退；在遭到挫败时或许反而有助于成功，所以切不可垂头丧气，应该抱着否极泰来的信念继续奋斗。

点评：

中庸之道，过犹不及。事情做过了头，就会朝着相反的方向走，好事也成了坏事。当你功高震主，就很难得到善终；当你受尽了恩宠，接踵而来的就可能是灾祸。所谓"飞鸟尽，良弓藏；狡兔死，走狗烹"。所以，当你踌躇满志时，一定要有清醒的头脑，不可贪恋利禄而占尽好处。老子说："功成，名遂，身退，天之道。"大功告成，名声显赫时，要及早地抽身收手。遇到挫折，也不要自暴自弃，轻易放手，再多坚持一会儿，成功就在转角处向你招手。

---

①快意时须早回头：古语有"功高震主者身危，名满天下者不赏""弓满则折，月满则缺""知足不辱"之语，皆可与此相印证。否则即有"出上蔡东门逐狡兔可得乎""华亭鹤唳可得闻乎"之类的惨剧。

淡泊以明志,浮华丧本真

藜口苋肠者,多冰清玉洁。衮衣玉食者,甘婢膝奴颜。盖志以淡泊明,而节从肥甘丧也。

今译:

靠粗茶淡饭度日的清贫之士,大多数都是洁身自好人格高尚;而那些锦衣玉食安享清福的人,大多都是奴颜卑膝没有骨气。淡泊的生活可以使人培养坚贞的意志,豪奢的生活可以使人丧失崇高的人格。

点评:

中国人欣赏的人生境界是:"心安茅屋稳,性定菜根香。"一个人内心安定,就算是住在茅草棚里,也会睡得安稳踏实;就算是咬着青菜根,也会觉得香甜无比,这就叫"咬得菜根,则百事可做。"能吃得了粗茶淡饭,泰然面对清贫生活的人,人格自然干净纯正;而那些追求锦衣玉食的人,更易受到欲望的驱使,为五斗米折腰,一副奴颜卑膝的模样。事能知足心常泰,人到无求品自高。

面前田地要放宽，身后惠泽要流久

面前的田地①要放得宽，使人无不平之叹；身后的惠泽要流得长，使人有不匮之思。

今译：

处世须心胸开阔，待人宽厚公平，没有抱怨；死后应福德深厚，使人长久缅怀，无尽思念。

点评：

中国人一向看重生前身后的名声，注重为人处世的道德修养。古人特别重视气量宽宏，所以说"宰相肚里能撑船"，意思是能做到很高职位的人，需要超乎常人的心胸和度量。为人处世，要有一颗包容的心，凡事多为别人着想，而不是心胸狭隘，斤斤计较。一个人肉体的生命是有限的，但精神的生命影响却可以流传很久。在有限的生命中，要多行善事，广积恩泽，这样，纵使肉体消亡了，精神依然活在人们的缅怀、思念和赞扬中。

---

①田地：心田、心地。比喻人的心胸气度。

路窄留给他人行，味浓让与别人尝

径路窄处，留一步与人行；滋味浓的，减三分让人尝。此是涉世一极安乐法。

今译：

在狭窄的道路上行走时，要留出一些让给别人走；遇到美味可口的佳肴时，要留出三分让给别人吃。这是最安全快乐的处世方法。

点评：

人是社会关系的总和，人和人之间千丝万缕的关系，交织出每个人存在和生活的空间。圣人安身立命获得快乐的最好方法，就是心中不会只有自己，而是时时处处想着他人。与人方便，自己也方便。送人玫瑰，手有余香。帮助了别人，就是在成就自己。多多为别人着想，善于和别人分享，就能在和谐的人际关系当中，体验到一种极致的幸福和快乐。

脱俗情便入名流，除物累即超圣境

做人无甚高远事业，摆脱得俗情便入名流；为学无甚增益功夫，减除得物累①便超圣境。

今译：

要想成为一个为人称道的人，并不一定非要干出宏伟远大的事业，只要能摆脱凡情俗念，就能跻身名流；研修学问并不需要特别地增加学识的功夫，只要能摆脱外物诱惑，就能成为圣贤。

点评：

做人和做学问，是人生两项重要的事情。现代社会里，人们往往从一个人外在的事业好坏来评价他的个人价值，从学术成就来断定一个人的学识修养。古人却认为，一个真正的君子，之所以受人尊敬，不一定是做了多么伟大的事业，而是因为他的精神品格超凡脱俗。同理，一个人学问做得好，也不在于他掌握了多么高深的知识体系，而是能保持清醒，不被世俗的财富名利扰乱了心志，这才称得上是有高深修养的圣贤。做人也好，做学问也罢，关键在于情怀高洁、恬淡超脱。否则，贪恋耽溺于世情，心中一团浊气，纵然是紫袍金衣，学富五车，也仍然是铜臭弥漫，欲壑难填，令人不齿。

①物累：为外物所牵累。指心遭受物欲损害。

交友带侠气,做人存素心

交友须带三分侠气,做人要存一点素心。

今译:

交友要有豪放的气概,应当肝胆相照义薄云天;做人要有纯朴的性情,切戒庸俗世故面目可憎。

点评:

在物欲横流的现代社会,人们为了一己私利,相互算计,彼此之间的情感十分虚伪、浅薄。一旦到了危急关头,就各奔东西,甚至反目成仇。《红楼梦》说王熙凤,"机关算尽太聪明,反误了卿卿性命",算计来算计去,到了最后,伤害了别人,也搭上了自己的性命。因此,作人还是要纯洁一点,简单一点,少一些机心,多一些简朴。

宠利毋居人前,德业毋落人后

宠利①毋居人前,德业毋落人后。受享毋逾分②外,修为③毋减分中。

今译:

追求名利时不要抢在他人之前,进德修业时不要落在他人之后。享受生活不要超出自己应有的范围,修养品德不要低于自己应有的标准。

点评:

《史记》里说:"天下熙熙,皆为利来;天下攘攘,皆为利往。"人生在世,最容易痴迷的,就是恩宠利益和物质享受,所以世人拼命争夺,争先恐后,将德行和功业抛在了脑后。《周易》说:"君子进德修业。"《周易》又说:"天行健,君子以自强不息;地势坤,君子以厚德载物。" 君子应该以提高道德修养,扩大功业建树为务,学习天道刚强劲健,奋发图强,开拓功业;学习大地厚实和顺,容载万物,增厚美德。一位真正的君子,应当胸怀博大,宽厚待人,立志高远,力争上游。

---

①宠利:荣誉、金钱和财富。
②分:指范围。
③修为:品德修养。

处世让一步,待人宽一分

处世让一步为高,退步即进步的张本;待人宽一分是福,利人实利己的根基。

今译:

遇事时让别人一步最是聪明,退让是取得进步的必要步骤;待人时宽宏大量才最有福分,利人是成就自己的坚定基础。

点评:

在工作和生活中,如果一直习惯于与人争夺,不仅失了风度,也往往难以达成目标。有首古诗说:"手把青秧插满野田,低头便见水中天。六根清净方为道,退步原来是向前。"农夫插秧,是一边插一边往后面退着的。正因为他能够向后退,才能把田里的秧苗插好。可见,谦让,不是消极的妥协,而是高明的智慧。你死我活的斗争,到了最后,往往是两败俱伤。中国自古就有"君子宽以待人"的说法,认为和气生财、和气致祥。有修养的君子,往往在一团和气当中,收获利人利己的事业。

骄矜消福，忏悔消灾

盖世功劳，当不得一个矜字；弥天罪过，当不得一个悔字。

今译：

哪怕有了盖世的功劳，如果骄傲自满，就会功劳消减；纵使犯了弥天的大罪，如果悔过自新，就会瓦解冰消。

点评：

中国古老的谚语说："满招损，谦受益。"一个人哪怕有盖世的功劳，如果志得意满，目中无人，居功自傲，很快就会招来嫉恨，吞噬苦果。他所有的功劳和辉煌，都会黯然失色；相反，一个人纵使犯下了弥天的罪过，如果能诚心忏悔，洗心革面，也照样可以获得人们的谅解，东山再起。佛家讲："放下屠刀，立地成佛。"就连一个屠夫，如果放下屠刀，悔过自新，生命也会重新散发出善性的光辉。

名节不独任,辱污不全推

完名美节,不宜独任,分些与人,可以远害全身;辱行污名,不宜全推,引些归己,可以韬光养德。

今译:

完美的名誉和高尚的节操,不应该独自享受,必须与人分享,才可以远离灾害保全自己;耻辱的行为和污秽的名声,不应该全部推脱,承担几分责任,才可以收敛锋芒提升道德。

点评:

社会生活中,过分完美的赞誉和荣耀,并不意味着是好事。古人说:"木秀于林,风必摧之。"树林中最高大的树木,遭受的风暴必然最多。有着巨大荣誉的人,往往伴随着非议。所以,盛名不妨与他人共享。反过来,当遭受一些辱骂和委屈的时候,不应该把责任全推给别人,而应该反躬自省,主动承担一些责任,以此来砥砺自己的品德节操。

事事留余地，功业勿求满

事事留个有余不尽的意思，便造物不能忌我，鬼神不能损我。若业必求满，功必求盈①者，不生内变，必召外忧。

今译：

做任何事情都要留出点余地，而不要把事情做得太绝太损，即使是造物主也不会妒忌我，甚至连鬼神也都不能伤害我。假如所有事情都想尽善尽美，幻想一切功业都能登峰造极，即使不因此生起内心的混乱，也必然为此招致外来的忧患。

点评：

中国古代的圣贤们提倡中庸之道，认为做事情要进退守中，保持平衡。如果用极端的方式来做事情，偏执过度，钻牛角尖，就会弦满易断，物极必反，反而给自己增加各种困难。因此，为人处世，要给别人留一些发挥才智的余地、收获利益的空间。如果把所有的好处都包揽到自己身上，事事追求完美、圆满，即使自己内心能扛得住，也一定会招致外在的麻烦。

---

①《老子》"持而盈之，不如其已；揣而锐之，不如长保。"

家庭有个真佛，日用有种真道

家庭有个真佛，日用有种真道。人能诚心和气，愉色①婉言，使父母兄弟间形骸两释②，意气交流③，胜于调息④观心万倍矣！

今译：

家庭成员里存在着一个真佛，日常生活中存在着一种真道。如果人能心地真诚、态度和气，用温和的脸色和委婉的语言，和父母兄弟相处得非常融洽，彼此的情感和意念默契交流，远远胜过调息观心千倍万倍。

点评：

儒家主张"正心，修身，齐家，治国，平天下"，认为一个人如果能自觉调整好自己的身心状态，在家庭中尊老爱幼，使父母兄弟妻子和睦相处，自然能够处理好国家大事，管理好天下百姓，成为人们拥护爱戴的贤明君主。因此，在儒家看来，家庭是一个人修炼自己的最好道场。与家人相处时，心地真诚，面色和悦，语言委婉，态度柔和，尽量避免和消除父母兄弟之间的隔阂、猜疑，使家庭和睦，家族团结，家人幸福，这不就是最理想的人生境界和生活状态吗？相比于在家里烧香拜佛、坐禅悟道，这真是要胜出千万倍了！

---

①愉色：脸上所出现的快乐面色。《礼记》："有和气者必有愉色，有愉色者必有婉言。"

②形骸两释：指别人与我之间没有身体外形的对立，能和睦相处。

③意气交流：彼此的意态和气概互相影响。

④调息：佛道徒用静坐和坐禅来调理呼吸，保持内部机体运转自如。观心：反省自己。

定云止水之中，鸢飞鱼跃气象

好动者云电风灯，嗜寂者死灰槁木。须定云止水中有鸢飞鱼跃气象，才是有道的心体。

今译：

生性好动的人，犹如倏忽即逝的雷电、风中摇曳的灯火；酷爱静寂的人，犹如火焰熄灭的灰烬、干燥枯死的树木。要在这静止的云、宁静的水中，有鹰击长空鱼翔浅底的气象，这才是体悟了大道者的心体。

点评：

修身养性的人，要看好自己的心，在动静相宜中体悟"道"的境界。心性躁动不安，心思飘忽不定，就好比是云中闪电、风中灯烛，令人神思不宁，难以安定。反之，如果耽溺于寂灭的心境，就好比是枯木死灰、一潭死水，生命便失去了生机，生活也了然无趣。这些都不是得道的气象。最上乘的境界，是动静相宜、静中有动。就好比是宁静安定的云水，在淡泊的心境中，却有鸟飞鱼跃的生机。宁静而不失灵动，安定而洋溢着生机。

攻人之恶毋太严,教人之善毋过高

攻人之恶毋太严①,要思其堪受;教人之善毋过高,当使其可从。

今译:

批评别人的错误时不可过于严厉,要考虑到对方是否能够承受得起;引导别人去行善时不可期望太高,要顾及对方是否能够实现得了。

点评:

教育别人的时候,无论褒贬,都应该懂得分寸,适可而止。对方有错的时候,一味地苛责和批评,非但起不到教育的效果,还会招致对方的逆反心理,失去了教育的真谛。教人向善,也不要把标准立得太高,要求过严,要考虑到对方是否能够做到。儒家讲究"严于律己,宽以待人",对待别人要适当地宽容。这既是一种自我的修养,也是一种处世的智慧。

---

①清王永彬《围炉夜话》亦阐发此意:"恶恶太严,终为君子之病。"

洁常自污出，明每从晦生

粪虫①至秽，变为蝉而饮露②于秋风；腐草无光，化为萤③而耀采于夏月。固知洁常自污出，明每从晦生也。

今译：

粪堆里所生的虫是最脏的，可是一旦蜕化成为蝉之后，却只是喝秋天洁净的露水；腐烂的野草本来不会发光，一旦孕育出萤火虫后，却在夏夜里发出耀眼光芒。由此可以知道这样的道理：洁净的东西常从污秽中产生，光明的事物常从黑暗中出现。

点评：

古人从生活经验中发现，餐风饮露、性情高洁的蝉，它的幼虫却生活在极其污秽的粪土当中。夏夜里闪耀光亮的萤火虫，多从腐烂荒败的野草中孕育而生。由此可见，洁与污、净与秽，并非绝对的对立，而是在一定条件下相互转化。人生也是如此。恶劣的环境往往是一个人砥砺品性、铸就大业的磨刀石。莲花出淤泥而不染。当我们的生命处于污浊阴暗的阶段时，一定要坚信，转化了污浊阴暗，就会迎来光明的未来！

---

①粪虫：尘芥中所生的蛆虫。此指蛴螬（金龟子的幼虫）。蝉即从蛴螬蜕化而成。

②饮露：蝉饮露水，古时以为高洁的象征。

③化为萤：萤火虫产卵在水边的草根，多半潜伏在土中，次年草蛹化为成虫，就是萤火虫。古人不明白其中的情形，遂认为萤火虫是由腐草变化而成的。

降服客气伸正气，消杀妄心现真心

矜高倨傲①，无非客气；降服得客气②下，而后正气③伸。情欲意识，尽属妄心；消杀得妄心尽，而后真心④现。

今译：

人之所以有心高气傲的现象，无非受了外来血气的影响。只要能把这种虚假言行消除，光明正大的气概就可以出现。一个人之所以有情欲和意识，无非虚幻无常的妄念妄想，只要能把这种妄念妄想消除，善良正直的本性就可以显现。

点评：

佛教经典《坛经》说："何期自性，本自清净！"佛教认为，人的心性如天地日月，原本清净而光明。贪婪、嗔恨、糊涂等，好比是镜面蒙上的尘埃，使人的心境变得灰暗污浊。因此要"时时勤拂拭，勿使惹尘埃"。要经常打扫心灵中的灰尘，降服住内心的躁动和妄念，才能使本心的明镜重现光明和清净。

---

①矜高：自夸自大。倨傲：态度傲慢。
②客气：指言行虚矫，不是出于至诚。
③正气：至大至刚之气。
④真心：真实不变的心。即一个人原有的本性、佛性。

以事后之悔悟,破临事之痴迷

饱后思味,则浓淡之境都消;色后思淫,则男女之见尽绝。故人常以事后之悔悟,破临事之痴迷,则性定①而动无不正。

今译:

酒足饭饱后再回想美酒佳肴的滋味,所有的美味都体会不出;性爱满足后再回味激情冲动的意趣,所有的欲念都烟消云散。假如能经常用事后的悔悟,来破除面对某件事情时的执着痴迷,就可以消除错误而恢复纯正的本性,所做的事情就没有一件不合乎正理。

点评:

孟子说:"食色,性也。"人在饥饿的时候,充满了对美食的强烈渴望;在情欲涌动的时候,生起了对美色的极致贪婪。可一旦酒足饭饱、男欢女爱后,对它们就毫无兴趣。生活中,人们对有些事情充满了好奇、渴望和冲动。等经历了之后,会发觉不过如此。阅尽了红尘的人,再次遇到能引起诱惑的事物时,就能保持内心的镇定,不会轻易地被表象迷惑。

---

①性定:本性安定不动。

居官应有山林气，在野须怀治国才

居轩冕①之中，不可无山林的气味；处林泉之下，须要怀廊庙的经纶②。

今译：

在朝廷里官运亨通身居要职时，应当怀有山林隐士的清高志趣；在草莽中逍遥隐逸独善其身时，应当胸怀治理国家的远大才能。

点评：

一个人身居高位的时候，容易被各种俗务牵累，在名利场中钩心斗角，备受煎熬。这时候应有淡泊的情怀，才能保持从容不迫的气度。赋闲在家，优游自在，没有了官场事务，人也容易变得慵懒倦怠。这时候应保持对社会的责任感，保持对时事的关注。这样的人生，不管是出世还是入世，都是收放自如，进退有度。

---

①轩冕：喻高官。古制大夫以上的官吏，出门时要穿礼服（冕）坐马车（轩）。

②廊庙：喻在朝从政做官。经纶：喻谋略。

无过便是功，无怨便是德

处世不必邀功，无过便是功；与人不求感德，无怨便是德。

今译：

人生在世不必拼命去争取功劳，只要没有过错就算是于世有补；帮助他人不希求对方感恩图报，对方不怨恨自己就是感恩戴德。

点评：

日常生活中，当人们给了别人一点帮助时，总喜欢居功自傲，希望别人感恩戴德，很快给予回报。这是私心太重的表现，不利于提升个人道德境界。一个有修养的人，需要有无私奉献的精神。做事情时，不必一味地追求功利、炫耀自己。帮助他人时，不必强求他人的感恩和报答。只要不出差错，不招致他人的怨恨，这就是最大的功德了。

忧勤美德戒于苦,淡泊高风戒于枯

忧勤①是美德,太苦则无以适性怡情。淡泊是高风,太枯②则无以济人利物。

今译:

尽心尽力地做好事情是美好的品德,但是过分地辛劳而使心力交瘁,就会使精神压力过大,丧失了应有的生活情趣;把功名利禄看淡了固然是高风亮节,但是过分清心寡欲万事不关心,对社会就不能做出贡献了。

点评:

一个人有强烈的事业心和责任感,兢兢业业、勤勤恳恳地工作,这是值得赞许的。但只知道工作和事业,过分辛劳而使心力交瘁,精神紧绷而得不到放松,就会适得其反,失去生活的乐趣。一个人能够看淡名利,品性当然算得上高尚。但过分的清心寡欲,心性就会变得冷漠,没有对国家和社会的责任感,那么,这样的淡泊也就失去了价值和意义。凡事过犹不及,事情做过了头就会走向它的反面,好事也变成了坏事,原本的高风美德,也会变了味道。

①忧勤:忧愁而劳苦,绞尽脑汁用尽力量去做事。《史记·司马相如传》《难蜀父老》:"且夫王事固未有不始于忧勤,而终于佚乐者也。"

②太枯:树木失去生机为枯。此有不近人情的含义。

势穷者观其初心，功成者观其末路

人至事穷势蹙①之人，当原其初心；功成行满②之士，要观其末路。

今译：

一个人穷途末路时，要体察他当初的发心如何；一个人事业成功时，要注意他以后的操守。

点评：

人在创业的时候，踌躇满志，充满信心。一旦遭遇挫败，难免心灰意冷，颓废堕落，自暴自弃。这时，最需要的就是保持信心和勇气。想一想当初的发心，想一想最初的动力，就会多一份对眼前困境的释怀，就不会轻易地放弃。当一个人功成名就的时候，最容易志得意满，不思进取。古人说"行百里者半九十"，很多人都是在成功的最后一刻没有把握好，结果前功尽弃，功亏一篑。对这些成功者而言，如果不珍惜自己的福分，利欲熏心，行为放荡，那么他的辉煌很可能就是失败的开始，到最后晚节不保，一败涂地。

---

①蹙：穷困的意思。

②功成行满：事业有所成就，一切都如意圆满。

富贵家宜宽厚，聪明人宜敛藏

富贵家宜宽厚，而反忌刻①，是富贵而贫贱其行矣！如何能享？聪明人宜敛藏②，而反炫耀，是聪明而愚懵③其病矣！如何不败？

今译：

富贵家庭待人应宽大仁厚，可是很多人反而刻薄阴险，行径低劣，又如何能长久享有富贵呢？聪明人本应该隐藏起锋芒，可是很多人反而夸示炫耀，这种人虽然看上去很聪明，实际上却是愚蠢透顶，到头来又怎么能不失败呢？

点评：

富贵之家，理应待人宽厚，才能显出宏大的气度。如果自己享受荣华富贵，对待别人却刻薄寡恩，就会引起社会的普遍反感，这样的富贵又如何能够长久呢？才华横溢的人也一样。他们非常引人注目，如果只是一味地表现自己，锋芒毕露，只会让人远离他们。只有保持谦逊的态度，才能赢得人们的敬重，从而立于不败之地。

---

①忌：猜忌或嫉妒。刻：刻薄寡恩。

②敛藏：深藏不露。

③懵：指对事物缺乏正确判断，不明事理。

居卑知登高之危，守静知好动之过

居卑而后知登高之为危，处晦而后知向明之太露；守静而后知好动之过劳，养默而后知多言之为躁。

今译：

站在低下处就会知道，攀到高处容易粉身碎骨；站在阴凉处就会知道，向着光亮容易刺痛眼睛；保持恬静心情就会知道，钻营驰逐的人太辛苦；保持沉默心境就会知道，喋喋不休的人太浮躁。

点评：

俗话说："当局者迷，旁观者清。"身居高位，固然有俯瞰天下的豪迈，但也有"高处不胜寒"的忧患。只是人们在向上攀登的时候，很难觉察到身处的险境。而那些在山下的人，却将危耸的山势看得清清楚楚。在宁静中，方能体会钻营奔波的辛劳；在静默当中，更能反观喋喋不休者的躁动。置身在不同的境地，会看到不同的风景。换一个视角看人生，我们就会变得更清醒。

放下功名道德心,即可超凡与入圣

放得功名富贵之心下,便可脱凡;放得道德仁义之心下,才可入圣①。

今译:

一个人能够摆脱功名富贵思想的诱惑,就可以净化自己超越庸俗的尘世杂念;一个人能够不受道德仁义的束缚,就可以净化自己进入真正的圣贤境界。

点评:

富贵荣华,名誉声望,这些都是世人热衷于追求的。对于修行者来说,修行,就是修炼自己对富贵名利的欲望和贪恋。享受荣华,获得声誉,本无可厚非。可是,内心如果执着于此,生命中只剩下了追逐财富和名利,这样的人,实际上不过是富贵名利的奴隶而已,何谈自由和超脱呢?

---

①入圣:进入光明伟大的境界。

意见害心，聪明障道

利欲未尽害心，意见①乃害心之蟊贼②；声色未必障道，聪明乃障道之藩屏③。

今译：

名利和欲望未必会伤害人的心性，偏私和邪妄才是蛀害心灵的毒虫；歌舞女色未必能够损害人的修养，而自作聪明才是破坏道德的障碍。

点评：

相比于追名逐利和声色犬马，一个人内心的偏见、邪思，乃至自以为是、自作聪明，这些不良的心性给身心带来的戕害更甚。声色犬马、七情六欲因为都在显处，容易指正和克服。但是，内在的偏见、自作聪明，往往会遮蔽一个人的判断，更加不易觉察，最终会伤害原本健全的心智，使聪明的人也变得愚蠢。

①意见：此指偏见、邪念，自以为是。

②蟊贼：同"蟊贼"，专吃禾苗的害虫。此指祸根。

③藩屏：指障碍。

行不通时退一步,行得通时让三分

人情反复,世路崎岖。行不去处,须知退一步之法;行得去处,务加让三分之功。

今译:

人世的性情如浮云变化无常,人生的道路如羊肠曲曲折折。当你的事业滑坡困难重重时,必须明白退一步的做人方法;而当你事业繁荣一帆风顺时,务必懂得让三分的处世原则。

点评:

世间人情变幻莫测,人际关系复杂多变。人生路从来不是坦途,总是曲曲折折,充满变化的。所以,当遇到过不去的坎时,要懂得退让,不勉强、不强求,适当地放慢脚步,以退为进,才能更好地认清形势,不徒劳地消耗时间和精力。当事情进展得一帆风顺时,更需要谨慎谦和,礼让三分,才不会得意忘形,招致灾祸。

待小人难于不恶,待君子难于有礼

待小人不难于严,而难于不恶①;待君子不难于恭,而难于有礼。

今译:

对待品行不端的小人,态度严厉并不算困难,难的是不去憎恨他们;对待品德高尚的君子,态度恭谨并不算困难,难的是有恰当的礼节。

点评:

对于缺少修养、品行不端的小人,对他们抱严厉的态度并不难,难的是从内心深处没有对他们厌恶的感觉,用心善待、帮助、教导他们。如果发现他人有缺点错误,只是一味地指责和憎恨,却不去帮助教育,同样是缺乏道德责任的表现。对于修养深厚、德高望重的君子,一般人都会心存敬重。对他们做到敬重并不困难,难的是在于对他们真正有礼。如果过于做作就会流于谄媚,就带上了虚伪的成分。

---

①恶:憎恨。《论语·里仁》:"惟仁者能好人能恶人。"

留些正气还天地,遗个清名在乾坤

宁守浑噩①而黜聪明,留些正气还天地;宁谢纷华②而甘淡泊,遗个清名在乾坤。

今译:

宁可保持朴实无华的本性,而摒除后天的聪明机巧,以便保留住一点浩然正气,归还给孕育灵性的大自然;宁可抛弃俗世的荣华富贵,心甘情愿地过宁静淡泊的生活,以便保留下一个纯洁美名,归还给孕育本性的天与地。

点评:

古话说:"聪明反被聪明误。"一个人的思想和智慧是有限的,用自己的小聪明去算计别人,投机取巧,看似占到了一些便宜,最后一定会被自己的偏见所害,损人不利己。中国道家伟大的哲人老子说:"道法自然。"人生处世,应该向天地万物学习,少一些机巧算计,多一些纯朴自然。这样才能保持正直善良的天性,留下纯洁质朴的名声,收获宁静祥和的人生。

---

①浑噩:浑浑噩噩,指人类天真朴实的本性。

②纷华:繁华富丽。

心伏群魔退听,气平外横不侵

降魔者先降自心,心伏则群魔退听;驭横①者先驭此气,气平则外横不侵。

今译:

要降服恶魔必须先降服自己内心的邪恶,内心的邪恶降服之后心灵自然沉稳不动,这时所有其他的恶魔自然就会全部消失。要控制横逆必须先控制自己浮躁的情绪,自己的浮躁情绪控制以后自然就会心平气和,这时所有外来的横逆自然就不可能侵入。

点评:

佛教经典《华严经》说:"心如工画师,能画诸世间。"一个人的心,就好比是画师的画笔,生活中的万事万物,无不从心而生。所以,佛教讲:"三界虚妄,唯心所作。"可见,生活中所有的妖魔鬼怪,根本的出处都来自心中的魔念。只有降服内心的邪思邪念,心性如如不动,外在的妖魔鬼怪自然会不战而退。对待暴戾蛮横也是如此。如果要控制外界的种种横逆,必先控制内心的虚浮之气。"敌军围困万千重,我自岿然不动。"心如止水,稳如磐石,就会百邪不入,百毒难侵。

①驭横:控制强横无理的外物。

教弟子如养闺女，严出入谨交游

教弟子如养闺女，最要严出入谨交游。若一接近匪人，是清净田中下一不净种子，便终身难植嘉禾①矣！

今译：

教导弟子应像养育女孩子那样谨慎才行，必须严格约束他们的出入和交往的朋友。万一放松警惕让他们交上品行不端的人，就等于是在良田里面播下了一颗坏种子，从此这个人就注定一辈子都没有出息了。

点评：

中国古话说："近朱者赤，近墨者黑。"一个人处于成长阶段时，习惯正在养成，品性正在塑造，这时候一定要从严要求、从严管理。尤其是他身边的朋友，一定要择善而交。否则，结交一些狐朋狗友，受到不良的影响，沾染上不好的习气，就好比在良田里种下了一颗坏种子。一旦误入歧途，教育起来就会非常困难。

---

①嘉禾：长得茂盛的稻谷。

欲路染指入深渊,理路退步隔千山

欲路①上事,毋乐其便而姑为染指②,一染指便深入万仞;理路上事,毋惮其难而稍为退步,一退步便远隔千山。

今译:

勾起欲望诱惑人心的事物,绝对不要贪图它眼前方便,就心怀侥幸伸手占为己有,一旦伸手就坠入万丈深渊。对于真理正义之类的事情,绝对不要畏惧它难以实现,就稍稍放松了进取的念头,一旦退缩就远隔了千山万水。

点评:

俗话说:"学如逆水行舟,不进则退;心似平原跑马,易放难收。"人有七情六欲,难免不受到外界诱惑。稍有沾染,就很容易放纵自己,享乐其中,最后一步步地堕落。修行如同逆水行舟,稍有松懈,就会一退千里。面对欲望诱惑的时候,一定要提高警惕,懂得克制;追求真理时,要精进努力,不可懈怠,否则就会前功尽弃,一事无成。

---

①欲路:泛称情欲、欲望、欲念。
②染指:巧取不应得的利益。

不可太浓艳，不宜太枯寂

念头浓①者，自待厚，待人亦厚，处处皆浓；念头淡者，自待薄，待人亦薄，事事皆淡。故君子居常嗜好，不可太浓艳②，亦不宜太枯寂③。

今译：

心胸宽厚的人，能够善待厚待自己，也能够善待厚待别人，因此对所有事都宽厚。心性淡薄的人，不但自己过清苦的生活，对别人也十分淡薄，因此对所有事都刻薄。真正有教养的君子，在日常生活中的爱好，应既不过分讲究气派豪华，也不过分刻薄吝啬。

点评：

善待自己，就能善待别人，处处丰盛豪侈；苛待自己，就会苛待别人，事事刻薄抠门。丰盛豪侈，固然快意，但容易使心志流荡，沉湎享受；刻薄抠门，固然节俭，但容易使生活枯槁，了无生趣。因此，君子要浓艳与素淡相宜，既不要豪侈躁动，也不要寡淡乏味。

---

①念头浓：心胸宽厚。

②浓艳：指丰盛豪华。此处作奢侈无度解。

③枯寂：死板寂寞。此处作吝啬解。

不为君相牢笼,不受造化陶铸

彼富我仁①,彼爵我义,君子固不为君相所牢笼②;人定胜天③,志一动气④,君子亦不受造化之陶铸⑤。

今译:

别人有财富我有仁德,别人有爵禄我有仁义。有所作为的君子,绝不会被有权势者所控制;人有定力就能战胜自然,意志宁静专一就可以转变气机。修养高深的君子,绝对不会被命运所摆布。

点评:

孟子说:"富贵不能淫,贫贱不能移,威武不能屈。"一个修养高深、有所作为的君子,不会被高官厚禄所诱惑,以至于在追名逐利当中迷失自己。相反,面对富贵,君子依然能够坚守内心的仁德和正义,不僭越道德的底线。孟子说:"志一则动气,气一则动志。"精神意志专一了之后,可以引动并指挥生命内部气机的作用。心念动,气机随着动。同样,内部气机启动了之后,会进一步强化精神意志的专一。庄子说:"君子役物。"有定力的君子,以心控制外物,以心转变物,在超然物外的境界中,不受命运的摆布。

①《孟子·公孙丑下》:"晋楚之富不可及也。彼以其富,我以吾仁。彼以其爵,我以吾义。吾何谦乎哉?"

②牢笼:束缚、限制。

③人定胜天:人有了定力就能战胜命运。

④志一动气:《孟子·公孙丑上》,"志一则动气,气一则动志。"志,理想愿望。一,专一、集中。动,统御。气,情绪气质。

⑤陶铸:范土制器为陶,熔金作器为铸。

风恬浪静见真境,味淡声稀识本然

风恬浪静①中,见人生之真境;味淡声希②处,识心体之本然。

今译:

在宁静平和的安定心态中,才能发现人生的真实境界;在粗茶淡饭的生活中,才能发现心体的本来面貌。

点评:

唐人李涉作诗说:"因过竹院逢僧话,偷得浮生半日闲。"追名逐利的红尘生活,令人劳心伤神,疲惫焦灼。偶尔路过寺院,在里面走一走,静一静,可以凝神静虑,安顿身心。在宁静祥和悠然淡泊中,人才能够返璞归真,感悟到生命的真谛,感受安宁与自在,感受到心灵的恬静之美。

---

①风恬浪静:喻生活平静无波。

②味淡声希:味,食物。声,声色。希,同稀。喻淡泊自守而不沉湎于美食声色中。

立身要高一步，处世须退一步

立身不高一步立，如尘里振衣，泥中濯足，如何超达；处世不退一步处，如飞蛾投火，羝①羊触藩，如何安乐。

今译：

修养品性如不能高处立足，就好像在尘土里掸拭衣服，又好像在泥水里洗濯双脚，如何能超越凡俗洁身自好？为人处世如不能留些余地，就好像飞蛾扑向火焰自焚，又好像公羊的角钻进篱笆，如何能使自己的身心安乐？

点评：

修身养性，一定要志存高远，才能视野开阔，超凡脱俗。如果和世人同流合污，就好比是在尘土中掸干净衣服，在污泥中洗干净脚，怎么可能达到心性的高洁和超脱呢？为人处世，一定要懂得谦和包容，做事情要留有余地，这就是中国哲学倡导的"退一步海阔天空"。如果拼命地去钻营，想事事占便宜，捞好处，就好比飞蛾扑火，不异于自取灭亡，又如公羊的角钻进篱笆，让自己进退两难，哪里还会有人生的幸福和快乐可言！

---

①《易经·大壮》："羝羊触藩，不能退，不能遂。"公羊角挂在篱笆上，比喻进退两难。

修德须忘功名，读书定要深心

学者要收拾精神①并归一路②。如修德而留意于事功③名誉，必无实诣④；读书而寄兴于吟咏风雅，定不深心。

今译：

治学的人一定要排除杂念，集中精神专心致志地治学。如果修养道德却不重视人格完善，而是好大喜功、沽名钓誉，一定没有什么真正的长进；如果读书不重视其中的道理，只是对吟诗作词感兴趣，一定会很肤浅而无所成就。

点评：

做学问一定要聚精会神、专心致志，要摒弃外在的干扰、杂念，全身心地投入其中。否则，带着强烈的功利心读书，内心装的全是功名利禄，就好比以守节操自居的人，心里想的却是声望名誉，是不会有真正的修养和进步的。如果不务实学，只追求文辞写作的精美雅致，就会既学不到真本事，也得不到重用。

---

①收拾精神：指收拾散漫不能集中的意志。

②并归一路：合并在一个方面，指专心致志地做学问。

③事功：事业功名。

④实诣：实际造诣。

人人有个大慈悲，处处有种真趣味

人人有个大慈悲，维摩①屠刽无二心也；处处有种真趣味，金屋茅檐非两地也。只是欲闭情封，当面错过，便咫尺②千里矣。

今译：

每个人都有一颗仁慈善良的本心，就连屠夫、刽子手也和维摩诘相同；每一处都有一种真纯自然的情趣，就连茅草房子也和黄金屋宇一样。只可惜人的心灵经常为情欲封闭，因而当面错过了真正的生活情趣，形成了差之毫厘失之千里的局面。

点评：

佛教经典《华严经》中说："奇哉，一切众生，具有如来智慧德相，但以妄想执着，而不证得。"凡夫与圣贤，众生与佛陀之所以存在着差别，是因为人内心里有贪婪、嗔恨和痴迷。摒除了这些妄念，就可以涵养人的慈悲心和真趣味。只要激发了这颗慈悲心，哪怕是屠夫刽子手，也可以立即觉醒。只要激活了这种真趣味，哪怕是住在破房子里，也和住黄金屋没有区别。如果让情俗遮住了我们的双眼，就会错失人生的无数美景。

①维摩：维摩诘简称。是佛教著名的在家居士。与释迦同时人，辅佐佛陀教化世人，被称为菩萨化身。

②咫尺：一咫是八寸。咫尺指极短的距离。

进德修道木石念，济世经邦云水趣

进德修道，要有个木石的念头①。若一有欣羡，便趋欲境；济世经邦，要段云水的趣味。若一有贪着，便坠危机。

今译：

修养道德磨炼心性的人，必须有木石一样坚定的意志。如果对外界的荣华贪恋美慕，就会沉沦于欲境；治理国家服务大众的人，必须有云水一样的淡泊胸怀。如果对世俗名利有所贪恋，就会陷入危机。

点评：

身处繁华的红尘世界，声色犬马的诱惑近在咫尺。古人曾说："皓齿蛾眉，伐性之斧。"美色是伤害性灵的利斧。人一旦放纵了情欲，在纸醉金迷中流连忘返，身心就会受到严重的戕害。因此，一个有智慧的君子，修养心性时，心志要像木石一样，不受欲望的扰动；身处高位时，情怀要像云水一样，保持自在和洒脱。如果开动了欲望列车，就会走上不归路，坠入万劫不复的深渊。

---

①黄檗禅师《传心法要》："如枯木石头去，如寒灰死火去，方有少分相应。"

吉人魂梦皆和气，凶人笑语藏杀机

吉人无论作用安详①，即梦寐神魂②无非和气；凶人无论行事狠戾，即声音笑语③浑是杀机。

今译：

心地善良充满正气的人，言行举止都非常地镇定安详，梦里也洋溢着一团和气；性情凶暴散发邪气的人，不只干什么都手段残忍狠毒，就连在说笑时也充满着杀机。

点评：

一个人内在的品性，会通过外在的言行表现出来。因此，从古至今，中国人都讲求"察言观色"。通过观察对方细微的面容、神色的变化，学会识人、辨人，从而主动地亲近君子，自觉地远离小人。心地善良的人，言行举止都透着一股祥和之气；心地邪恶的人，哪怕在说笑时也隐藏着杀机。

---

①作用安详：言行从容不迫。
②梦寐神魂：指睡梦中的神情。
③声音笑语：言谈说笑。

欲无得罪于昭昭，先无得罪于冥冥

肝受病则目不能视，肾受病则耳不能听。病受于人所不见，必发于人所共见。故君子欲无得罪于昭昭，先无得罪于冥冥。

今译：

肝脏患了疾病眼睛就看不见，肾脏患了疾病耳朵就听不清。病虽然生在人看不见的肝脏，但病症会发作于人能见的地方。所以，君子要想表面没有过错，必须在看不见处下慎独功夫。

点评：

儒家认为，一位有修养的君子，首先要做到诚意、正心。在人前做出一副真诚善良、彬彬有礼的绅士样子是容易的，难的是在人后行为也保持一致。一个人德行如何，在他独处时才表现得更加真实。所以，儒家讲求"君子慎独"。修养品德，必须从独处做起。只有真正做好"慎独"的功夫，才能做到心诚意正，襟怀坦荡。

福于少事，祸于多心

福莫福于少事，祸莫祸于多心。唯苦事者，方知少事之为福；唯平心者，始知多心之为祸。

今译：

人生最大的幸福是少事清闲；人生最大的灾祸是焦虑猜疑。只有辛苦忙碌的人，才能懂得平安无事的幸福；只有心平气和的人，才会明白猜忌多疑的祸患。

点评：

中国古话说得好："洪福易得，清福难享。"世间的富贵名利，是很多人向往和追求的。只要努力奋斗，都能够小有所成，生活也可以过得富裕、安康。可是，洪福再好，烦恼难消。生活中处处都是劳碌和牵挂，人往往在疲于奔命中白白浪费了很多生命的美好。宋代大诗人苏轼说："人间有味是清欢。"生命中最难能可贵的福祉，就是这清闲的滋味。在悠然的心境中，可以从从容容地体味身心的宁静祥和之美。

处世方圆自在，待人宽严互存

处治世宜方①，处乱世宜圆②，处叔季③之世当方圆并用。待善人宜宽，待恶人宜严，待庸众之人当宽严互存。

今译：

政治清明天下太平时，待人接物应严正刚直；政治黑暗天下纷乱时，待人接物应随机应变；在国将不国的末世时期，应该刚直与圆滑并用。对待善良而正直的君子，要宽容厚道；对待奸险而邪恶的小人，要严肃不苟；对待一般的平民大众，则应宽严互存恩威并施。

点评：

为人处世，没有绝对的黑与白、对与错、善与恶。要根据对方的个性特点，随时调整自己待人接物的方式。这样，无论是身处盛世还是乱世，面对善人还是恶人，都能游刃有余，立于不败之地。

---

①方：指品行端正。

②圆：圆通，圆滑。指随机应变。《易经·系辞》："是故蓍之德，圆而神；卦之德，方以知。"

③叔季：古时用伯、仲、叔、季作为少长的顺序，叔季是兄弟中排行最后的，喻末世。《左传》："正衰为叔世""将亡为季世。"

律己忘功不忘过，待人忘怨不忘恩

我有功于人不可念，而过则不可不念；人有恩于我不可忘，而怨则不可不忘。

今译：

我对别人有了功劳恩惠，也不要挂在嘴上或心头，如果做了对不起人的事，就应当时时刻刻地反省。别人对我有了功劳恩惠，就不能轻易将恩情忘记，如果做了对不起我的事，就应当干净彻底地忘掉它。

点评：

中国是人情社会，人与人之间的关系常常要靠道德力量来维系。道德修养中，知恩图报，以德报怨，都是中国人所注重的美德。如果我对别人做了不好的事，就要时刻记得反省，有机会的时候一定要对他好好补偿，这样良心才能安稳，睡觉才能香甜。古人说："滴水之恩，当涌泉相报。"别人对自己的恩惠，哪怕只是像一滴水那么微小，也要铭记在心，知恩图报。人际交往中出现一些小摩擦，如果不涉及底线，就应该宽宏大量，以和为贵。常怀一颗感恩之心，宽以待人，这个社会就会和谐、美好和温馨！

施恩不求回报,斗粟可当万钟

施恩者,内不见己,外不见人,即斗粟可当万钟①之惠;利物者,计己之施,责人之报,虽百镒②难成一文之功。

今译:

一个施舍恩惠来帮助他人的人,内不见有施恩的自己,外不见有接受恩情的别人,这样即使是施舍一斗米的恩惠,也可以收到巨大的真诚的回报;使别人得到利益的人,不但念叨着自己对他人的施舍,而且要求人家感恩戴德的回报,这样即使是付出巨额的黄金,也难以收到一文钱般的轻微功德。

点评:

中国古代哲人老子说:"上善若水,水善利万物而不争。"人生最高的善德就像水一样,润泽万物利养众生,却不争一己之名,不贪一己之功。"夫唯不争,故天下莫能与之争。"这种不贪求、不勉强的处世态度,彰显的正是一个人从容不迫、容纳百川的崇高境界。唯有这种崇高的精神境界,才能真正地赢得人心。使一个人在润物细无声的低调平和中,收获世人的敬重和拥戴。如果你帮助别人时,老是想着得到别人的回报,你就用自私自利的心,玷污了善行,你就不是在做善事,而是在做交易了!

---

①万钟:钟为古时量器名。万钟极言其多。

②镒:古时二十四两为一镒。

己之际遇不必齐，人之情理不必顺

人之际遇①，有齐有不齐，而能使己独齐乎？己之情理，有顺有不顺，而能使人皆顺乎？以此相观对治②，亦是一方便法门③。

今译：

每个人的际遇都有所不同，有的人运气很好可大展宏图，有的人运气糟糕而无所成就，自己又怎能企求最好的运气？每个人的情绪都时好时坏，情绪稳定的时候桩桩顺利，情绪浮躁的时候件件糟糕，又怎能要求别人事事顺从？假如能对此平心静气地反省，就是一个绝好的修养途径。

点评：

人的这一生，有坦途也有坎坷，有风平浪静时，也有雨骤风狂时。人的心情也是起起伏伏，喜怒哀乐，交杂变化。奢望诸事顺遂，不过是一厢情愿。人生不如意事常九八，可快心时只二三。时运困顿不济，乃是人世常情。因此，面对人生的风雨，要平心静气，泰然自若。当你气定神闲，人生的风雨颠沛，也未尝不是一道美丽的风景。

---

①际遇：机会境遇。

②相观对治：相互对照而加以修正。

③方便法门：佛家语。方便为权宜之意。法指作为人生准则的佛法，法门为领悟佛法的通路。

心地干净明亮,方可读书学古

心地干净,方可读书学古。不然见一善行,窃以济私,闻一善言,假以覆短①,是又藉寇兵而赍盗粮②矣。

今译:

只有心地光明品行端正的人,才可以研习古人的道德文章。否则看到一件古人做的好事,就偷偷拿来满足自己的私欲,听到了一句古人说的好话,就顺手拿来掩饰自己的缺点,这就等于是资助兵器给敌人,把粮食送给打家劫舍的强盗。

点评:

古人讲:"贤者贵为德。"饱学之士未必人品就好。历史上有相当多的大恶之人,才学越多,越是给人带来祸害。从中国古代教育儿童的名著《弟子规》中就可以看到,古人教导弟子,首要的就是培养一个人良好的品德。"有余力,则学文。"在尊老爱幼、恭敬诚信、仁爱亲贤的基础上,才去进一步阅读典籍,增长知识。因此,读书治学,心地一定要善良纯净。德为主,才为辅。以德驭才,才是良才奇才;无德有才,就是歪才庸才。

---

①假以覆短:借名言佳句掩饰自己的过失。
②藉寇兵而赍盗粮:语出秦李斯《谏逐客书》。

奢者富而不足，能者劳而府怨

奢者富而不足，何如俭者贫而有余；能者劳而府怨，何如拙者逸而全真①。

今译：

豪华奢侈而挥霍无度的人，即使有很多财富也不满足。哪里比得上虽然生活贫穷，却节俭而略有盈余的人呢？才华卓越而智力超群的人，虽然勤劳却招致别人怨恨。还不如愚笨的人安闲无事而能保全纯真的本性。

点评：

中国古代社会以农耕为主，农耕社会形成了中国人珍惜资源、崇尚节俭的美德。唐代诗人李商隐说："历览前贤国与家，成由勤俭败由奢。"一个人的财富再多，也经不起无度的挥霍。相反，俭朴的生活，也自有其美感与韵味。繁华的生活未尝不好，但能不能过繁华的生活，得看你有没有福报。如果欲壑难填，再繁华的生活也填补不了你心中的空缺。如果为了财富费尽心机，不择手段，纵然挣来了财富也没有意义。拼命地钻营，争名逐利中，树立了很多对头，招致排斥和报复。这种刀口舔蜜的生活，哪里比得上那些淳朴淡泊的人，活得轻松而真实呢？

---

①逸而全真：安闲而能保全本性。

讲学尚躬行，立业思种德

读书不见圣贤，为铅椠①佣；居官不爱子民②，为衣冠盗③。讲学不尚躬行，为口头禅④；立业不思种德，为眼前花。

今译：

读书而不能通晓圣贤思想的精义，就像一个没有独立见解的印刷匠；做官而不能解决百姓生活的困难，就像一个穿着官服戴官帽的强盗。只会讲解学问却不能够身体力行，就像个不通佛理只知哼哼唧唧的和尚；建立功业却不为自己积累德行，就像一朵美丽却很快凋谢的花朵。

点评：

治学的目的，是为了升华性情，学以致用。读书要透过表面的字句，触摸圣贤的温度。为官就要不负人民，造福一方。古人称做官的人为"父母官"。父母最疼爱自己的子女，为官之人要像父母爱孩子一样爱护他的子民，把为人民服务当成自己人生价值的体现，才能有万世的功业。如果只是追求自己的声望利益，背离了人民的利益要求，再大的功业也不过是昙花一现。

①铅椠：铅是古时用来涂抹简牍上错字用的一种铅粉。椠是不易捣坏的硬板。古代没有发明纸笔时，在板上写字，因以铅椠代表纸与笔。

②居官：担任官职。子民：古有"爱民如子"之说，故称老百姓为子民。

③衣冠：盗穿着衣冠的盗贼。即指窃取俸禄的官吏。

④口头禅：指不能领会佛禅理，只是袭用禅宗和尚的常用语作为谈话的点缀。后指说话时经常挂在嘴上而没有多少实际意义的话。

扫除外物,直觅本来

人心有一部真文章,都被残篇断简①封锢了;有一部真鼓吹②,都被妖歌艳舞湮没了。学者须扫除外物,直觅本来,才有个真受用。

今译:

每个人的心里都有一部好文章,可惜被内容残缺的教条文章给封闭了;每个人的心里都有一首美妙的乐曲,可惜被淫荡委靡的妖歌艳舞给湮没了。一个有学问有操守的知识分子,必须彻底摒除外来物欲的诱惑,反观内心以看到自己的纯明本性,才能获得真正的学问,使自己一生受用不尽。

点评:

中国儒家讲"存天理,灭人欲",中国道家讲究"道法自然",中国佛家讲求"明心见性"。可见中国传统的儒、道、佛三家思想,都认为人之初,性本善,只是被后天一重重的欲望给污染得面目全非。因此,儒家的修养是"明明德",让原本光明的德性重新彰显出光明;道家的修养是"复归于婴儿",回归初婴赤子般的本性;佛家的修养,是见到"本来面目",时时拂拭掉贪嗔痴的灰尘。治学是为了做人,做人就要摒弃物欲的蒙蔽,回到没有受到污染状态的心灵的原点,才能超凡入圣,成就人生。

①残篇断简:指古代遗留下来的残缺不全的书籍。

②鼓吹:古代用鼓、钲、箫、笳等合奏的乐曲。泛指音乐。

苦中有乐趣，乐中有苦味

苦心中常得悦心之趣①，得意时便生失意之悲。

今译：

人们在苦心追求时，因为感受到追求成功的喜悦，而觉得乐趣无穷。人们在志得意满时，因为面临着顶峰过后的低谷，而生出失意悲哀。

点评：

儒家讲："极高明而道中庸。"人生的境遇，不论是顺是碍、是悲是喜，都不可偏执一端，而是要用中庸的态度来处之。当煞费苦心地追求目标时，要有忙里偷闲、苦中作乐的功夫，这样才会张弛有度、收放自如；当志得意满大功告成的时候，更要谨慎小心，以防乐极生悲，泰极而否。

---

①悦心之趣：心中喜悦而有乐趣。

富贵名誉须有根，瓶钵中花易枯萎

富贵名誉，自道德来者，如山林中花，自是舒徐①繁衍；自功业来者，如盆槛中花，便有迁徙废兴；若以权力得者，如瓶钵中花②，其根不植，其萎可立而待矣。

今译：

富贵名誉，如果是从高深的道德修养中得来，就如同生长在大自然中的花朵，会不断地繁衍绵绵不绝；如果是从功名事业中得来，就如同种在花盆里的花朵，随时都面临迁移和枯萎的危险；如果是从权势力量中得来，就如同插在花瓶中的花朵，由于它的根没有深植在土中，所以花的凋谢确乎是近在眼前。

点评：

一个人获得名誉声望、享受荣华富贵，有三种途径：道德、功业和权势。《左传》说："太上有立德，其次有立功，其次有立言。"这就是"三不朽"。一个君子如果想获得不朽的声名，首先是以德立世，其次是建功立业，再次是著书立说。从道德来的富贵名誉，保持的时间长；从建功来的富贵名誉充满了变数；从权力来的富贵名誉转瞬即逝。富贵声誉固然是人生的美好追求，关键是看你有没有福报把持得住。

---

①舒徐：从容自然。舒，展开。徐，缓慢。

②瓶钵中花：瓶钵是僧人用具。瓶钵中花指插在花瓶中的无根之花。

花鸟尚知呈妍媚，君子更当著奇文

春至时和，花尚铺一段好色，鸟且啭几句好音①。士君子幸列头角②，复遇温饱，不思立好言行好事，虽是在世百年，恰似未生一日。

今译：

春天来临时连花草树木也争奇斗艳，在大地铺上一层美丽景色；飞鸟也在这春光中唱出了美妙的歌声。而对于才华出众的读书人，如果能够侥幸出人头地，又能够吃饱饭穿暖衣，却写不出不朽的著作，或做出些有益世人的事情，那么他即使活到了一百岁，也像是连一天都没有活过一样。

点评：

人生在世，除了张扬自我的个性外，还要为他人做出贡献，这才没有白活。唐代诗仙李白说："天生我材必有用。"上天造就一个人，这个人就一定有他存在的价值。春天的花朵尚能装点人间的美丽，春天的鸟儿还能给世间献上悦耳的歌声，何况是满腹才华的读书人？一个有情怀的人，如果一帆风顺才华出众，却没有写好文章，没有做好事情，既辜负了上天，更对不起自己！

---

①张潮《幽梦影》："秋虫春鸟，尚能调声弄舌，时吐好音。我辈搦管拈毫，岂可甘作鸦鸣牛喘。"与此则可互参。

②头角：气象峥嵘，喻才华出众。

严谨潇洒并相重，秋杀春生两相宜

学者有段兢业①的心思，又要有段潇洒的趣味。若一味敛束清苦②，是有秋杀无春生，何以发育万物。

今译：

学者既要勤奋治学，也要有潇洒脱俗的情怀。如果只知道一味约束自己，就会暮气沉沉而毫无生机，如同大自然只有肃杀的秋天，没有阳光和暖的春季，又怎么能够使万物健康地成长？

点评：

读书治学，固然要勤奋刻苦，努力用功，但不必因此就像个苦行僧一样，把自己搞得毫无生机。生活中除了要勤奋刻苦地治学，还要会享受生活的乐趣。如果把自己变成一潭死水，又怎么可能有热情有温度，去润泽别人的生命，给世界带来温暖？

---

①兢业：兢兢业业，小心谨慎。

②敛束清苦：指过束手束脚、清寒刻苦的生活。

真廉无廉名,大巧无巧术

真廉无廉名,立名者正所以为贪;大巧①无巧术,用术者乃所以为拙。

今译:

真正廉洁的人不贪虚名,反而没有廉洁的名声。那些树立声誉的人,正是为了替自己沽名钓誉;真正智慧的人不卖弄机巧,所以看上去反而显得笨拙。那些一味玩弄机巧的人,正是为了替自己掩饰笨拙。

点评:

《道德经》说:"大直若屈,大巧若拙。"正直的人,看起来都很随和;智慧的人,看起来都很朴实。清廉的人,不需要用清廉的名声来显露自己;智慧的人,不会用狡猾的伎俩与人争名夺利。玩弄手段,即使赢得了一时,最终会输掉一世。

---

①大巧:聪明绝顶。

满招损，谦受益

欹器①以满覆，扑满②以空全。故君子宁居无不居有，宁处缺不处完。

今译：

汲水的欹器，装满了水就会倾侧翻倒；装钱的扑满，装满了钱就会摔得破碎。君子宁愿不去拥有，也不愿因过满而招来倾覆破碎；君子宁愿残缺，也不愿因完满而招来败亡。

点评：

《周易》哲学讲的是变易之道，在六十四卦中，几乎每一卦都是好中有坏，坏中有好，但只有一个卦像例外，全部都是好的，这就是谦卦。水满则溢，人满则败。一个人骄傲自满，就像装满了水便会倾倒的欹器一样，最终招致败亡。一个有智慧的君子，为人处世谦虚谨慎，事事都留出余地给别人，不会把好处独自占有。

---

①欹器：古代一种倾斜易覆的盛水器。水少则倾，中则正，满则覆。

②扑满：为我国古代人民储钱的一种盛具，类似于现代人使用的储蓄罐。

名根未拔堕尘情，客气未融为剩技

名根①未拔者，纵轻千乘②甘一瓢③，总堕尘情④；客气未融者，虽泽四海利万世，终为剩技。

今译：

一个人如果没有彻底摒弃名利之心，即使轻视富贵而甘过清苦生活，最后仍摆脱不了世俗名利的诱惑；一个人如果容易受外境影响而不能在内心加以化解，即使他恩泽天下甚至造福千秋，到最后仍不过被视为多余的伎俩。

点评：

大千世界，繁华无边。如果没有超脱的情怀，就放不下对名利的贪恋。有的人远离红尘，寄情山水、啸傲林泉，心里面仍然断不了对名利的牵念。不论他们表面上多么清高，骨子里面仍然尘缘未了俗气冲天。

---

①名根：名利的念头，功利思想。

②乘：古时把一辆用四马拉的车子叫一乘。

③一瓢：指用瓢来饮水吃饭的清苦生活。《论语·雍也》："贤哉回也，一箪食，一瓢饮，居陋巷，人不堪其忧，回也不改其乐。"

④尘情：俗世之情。

心体要光明,念头莫暗昧

心体①光明,暗室②中有青天;念头暗昧③,白日下生厉鬼。

今译:

一个人心地光明磊落,即使在黑暗的屋子里,也像站在万里晴空下;一个人心地阴险邪恶,即使在青天白日之下,也会遇见阴森的恶鬼。

点评:

中国的儒、释、道三家,都注重人心的光明朗洁。一个人心地善良,哪怕是身处暗室,都能用心光把它照得透亮;一个人狡诈阴险,即使是在青天白日,都像是游荡着厉鬼。心中有佛,所见皆佛。心中有魔,万物皆魔。你所见到的外景,都是自己内心的投影。

---

①心体:智慧和良心。
②暗室:隐秘不为人见的地方。
③暗昧:阴险见不得人。

无名无位乐最真，不饥不寒忧更甚

人知名位为乐，不知无名无位之乐为最真；人知饥寒为忧，不知不饥不寒之忧为更甚。

今译：

人只知道得到名誉和官职是人生的快乐，却不知没有名位时的快乐才是真正的快乐；人只知道饥饿与寒冷是人生的苦事，却不知没有饥寒时的忧虑比起前者来更加痛苦。

点评：

中国道家哲学主张"有无相生"，有得又有失，才是完整的人生。可在现实生活中，我们往往习惯于获得、拥有，却很难做到无欲、无求。只知道"有"的快乐，享受"得"的成就，却难以体会"无"的自在，接受"失"的遗憾。生活并不是只有鲜花和掌声，要能享受繁华和热闹，也要会享受平淡和宁静。无论有没有名位，都应该开心快乐地度过这一生。不要以为饥寒才是痛苦，你可知那些没有饥寒之苦的人，他们的痛苦可能也达到了鼎盛？

隐恶有善路，显善是恶根

为恶而畏人知，恶中犹有善路①；为善而急人知，善处即是恶根。

今译：

一个人做了坏事而担心让人知道，他在恶性中还保留改过向善的良知；一个人做了善事而急着让别人知道，他在做善事时已种下了作恶的根苗。

点评：

人性是复杂多变的，既有善的一面，也有恶的一面。心思邪恶的人，做了恶事却担心被人知道，说明他的心里还存在良知，能意识到自己犯下了罪行。那些做了坏事却毫不在意的人，才真正地堕落沉沦。做了一丁点好事就急于宣扬的人，是被利欲熏了心。这种急功近利的心念，将为他日后的失败埋下祸根。

---

①善路：向善学好的路。

逆来顺受，居安思危

天之机缄①不测，抑而伸，伸而抑，皆是播弄②英雄，颠倒豪杰处。君子只是逆来顺受，居安思危，天亦无所用其伎俩矣。

今译：

上天变幻无穷难以预料，他有时让人先陷入困境然后春风得意，有时却又让人先一帆风顺再颠沛坎坷。不论是哪一种情况，都是上天在恶作剧捉弄英雄豪杰。因此君子遇到横逆的事会一笑置之，在平安无事的时候也要想到危难可能来临，这样上天就无法施展捉弄人的伎俩了。

点评：

"天有不测风云，人有旦夕祸福。"不如意事常八九，祸福交替也寻常。人生在世，没有永远的安逸顺畅，也没有永远的颠沛坎坷。孔子说："尽人事而听天命。"外部的环境再变化无常，自己的心志却稳如磐石。用不屈的意志，迎击命运的挑战，纵然你是造物主，又能奈我何？

---

①机缄：机，发动；缄，封闭。机缄指一动一闭而生变化。
②播弄：玩弄、摆布。

性情偏激不可取,善得其中方为福

燥性者火炽,遇物则焚;寡恩者冰清,逢物必杀。凝滞固执者,如死水腐木,生机已绝,俱难建功业而延福祉。

今译:

性情急躁的人像火一般炽烈,所有跟他接触的人都会被焚毁;性情刻薄的人如冰一般冷酷,所有被他碰上的人都会被冻僵。性情呆板性格愚顽的人,既像是一潭死水又像是一株朽木,死气沉沉已经完全断绝了生命力。这些人都不能成就功业延续福祉。

点评:

社会生活中,想要建功立业获得幸福,有三种人一定要远离。第一种是急躁如火的人,会把你烧得尸骨无存;第二种是冷酷如冰的人,会把你冻得失魄丧魂;第三种是固执死板的人,会把你逼得生机全失,情趣不存。这三种人都难以事业有成,提升福报。

养喜神招福，去杀机远祸

福不可徼^①，养喜神以为召福之本而已；祸不可避，去杀机以为远祸之方而已。

今译：

人的福分不可勉强去追求，只要能保持乐观的态度，就是人幸福生活的基础；灾祸实在是难以避免，只要能消除伤害他人的念头，就算是远离灾祸的有效途径。

点评：

虽然幸福很美好，但也不必刻意去追求。只要保持积极乐观的生活态度，就相当于心里住着一个喜神，幸福就会时刻跟着你走；虽然灾祸很讨厌，但用尽心机也赶不走。只要没有害人的心，就相当于给自己穿上了防护罩，从而远离祸患，灾难不侵。

---

①徼：祈福。

宁默毋躁，宁拙毋巧

十语九中未必称奇，一语不中则愆尤①骈集②；十谋九成未必归功，一谋不成则訾议③丛兴。君子所以宁默毋躁，宁拙毋巧。

今译：

十句话即使说对九句也未必有人称赞你，但是说错了一句就会立刻遭受众多指责；即使施十次计谋九次成功也未必能受奖赏，但是有一次失败，埋怨责难就会纷纷到来。所以君子宁愿保持沉默而不随便乱开口，在做事方面宁可显得笨拙也不显露聪明。

点评：

木桶理论中，制成木桶的木板高低不齐，而决定木桶中水量多少的是最短的那根木板。世事纷杂叵测，人心常生嫉妒。对于一个木桶，大家看不到那些长木板，而是会盯着那块短板拼命地看。大家不会因为你做成了很多事就对你交口称赞，反而会紧盯着你的过失和短处指责不休。一位有修养的君子，务必要谨言慎行，不要逞一时之快而急躁冒失，落下被人责难的把柄。

---

①愆尤：指责归咎。过失为愆，责怪叫尤。

②骈集：接连而至。

③訾议：非议、责难。

性气清冷受享薄,和气热心福泽长

天地之气,暖则生,寒则杀。故性气①清冷者,受享②亦凉薄;唯和气热心之人,其福亦厚,其泽亦长。

今译:

大自然四季的变化气机运行,温暖时万物向荣,寒冷时万物萧条。人的性情不同,产生的结果也有差别:性情冷漠的人,如秋冬天气一样萧条,得到的福分也零落而淡薄;性情温暖的人,如春夏天气一样热情,获得的福分丰厚,福泽也长远。

点评:

为人处世,要像春夏一样的温暖和煦,善待他人,给人温暖,给人希望。而不能用秋冬一样的寒冷肃杀,摧残他人,给人恐惧,让人绝望。《孟子》说:"爱人者,人恒爱之;敬人者,人恒敬之。"爱出者爱返,福往者福来。心怀大爱,爱人敬人,也一定会得到人们的爱戴和尊敬。

---

①性气:性情气质。
②受享:所享有的福分。

天理路上宽，人欲路上窄

天理①路上甚宽，稍游心胸中，便觉广大宏朗；人欲路上甚窄，才寄迹②眼前，俱是荆棘③泥涂。

今译：

天理就像宽敞的大路，只要略微用心体会，心灵就能够辽阔无边，豁然开朗；欲望就像狭窄的小径，只要刚刚迈上去行走，眼前就是荆棘和沼泽。

点评：

中国宋代的大儒、理学家朱熹，倡导"存天理，灭人欲"，认为最理想的道德境界，就是灭除人的私欲，显出心中本有的纯正光明的德性。这一主张，成为中国儒家修身养性的旗帜，成为圣贤必备的修养。要时时走在彰显天理的路上。一旦放纵内心的私欲，理智受到情欲的蒙蔽，就会走上一条窄路、险路、不归路。只可叹从古到今，天理的路上人影稀落，人欲的路上经常爆满！

---

①天理：天道。

②寄迹：立足投身。

③荆棘：荆棘多刺，喻坎坷难行的路或烦琐难以处理的事，引申为艰难困苦的处境。

一苦一乐相磨炼，一疑一信相参勘

一苦一乐相磨练，练极而成福者其福始久；一疑一信相参勘①，勘极而成知者其知始真。

今译：

人的一生有苦境也有乐境，在苦境与乐境中不断磨炼，得来的幸福才能长远；求学时既要有相信也要有怀疑，只有不断地怀疑不断地验证，得来的学问才算真纯。

点评：

人生并不总是阳光迎面，也有风雨当头。经得住风雨的洗礼，幸福才会真正的牢实和长久。读书治学，也是同样的道理。对书中的话，既要相信认同，又要怀疑反思。经过了深度的怀疑和反思，发现这些道理仍然能够立得住，才是真正让人受用的真理。否则"尽信书则不如无书"，盲从盲信，浅尝辄止，还有什么意思？

---

①参勘：参，交互考证。勘，仔细考察。

心不可不虚,心不可不实

心不可不虚,虚则义理来居;心不可不实,实则物欲不入。

今译:

心胸一定要虚静,才能容得下学问。意志一定要坚固,才能抗得住物欲。

点评:

在修行中,一方面,要清空主观的偏见,虚怀若谷,才能容得下真理;另一方面,要保持充实的心境,坚定不移,才能抗得住物欲。该虚时要虚,否则真理住不进去;该实时要实,不要给物欲以可乘之机。

君子之量含污垢，君子之操莫独行

地之秽者多生物，水之清者常无鱼①。故君子当存含垢纳污②之量，不可持好洁独行之操③。

今译：

堆满了粪便的土地，是生长植物的好土壤；清澈见底的河水，里面很少有鱼虾。有高深修养的君子，要有容纳污垢的度量，而不要自命清高，跟红尘断绝了来往。

点评：

动物的粪便秽臭不堪，却是植物最好的养料。蒸馏水干净纯洁，对人体来说却没有营养。一个人过于孤傲，就会将自己与世界隔离，就不能成长。君子要有容纳小人的度量，和而不同，包容大度。红尘世界，才是修行的最好道场。

---

①《孔子家语》："水至清则无鱼，人至察则无徒。"
②含垢纳污：喻气度宽宏而有容忍雅量。
③好洁独行之操：保持独善其身的态度。

为人多病未足羞，一生无病是吾忧

泛驾之马①，可就驰驱；跃冶之金②，终归型范③。只一优游不振，便终身无个进步。白沙④云："为人多病未足羞，一生无病是吾忧。"真确论也。

今译：

性情凶悍的骏马，训练好之后仍然可以奔驰万里；熔化时迸出了熔炉的金属，最后还是被注入模型变成器具。一个人有缺点并不可怕，怕的是贪图享受，精神萎靡，这样一辈子也难有进步。明代的陈献章说："做人有过失并不可耻，一生平庸的人才最可担忧。"这真是一句至理名言。

点评：

人生在世，不怕有个性，不怕走弯路，只要调整好心性，必然会有大成就。怕就怕有的人，看起来四平八稳，没有毛病，却平平庸庸，一事无成。

①泛驾之马：性情凶悍不易驯服控御的马。喻不受拘束的豪杰。

②跃冶之金：熔化金属往模型里灌注时，金属有时会突然爆出到模型外面。这就是跃冶之金。喻不守本分而自命不凡的人。

③型范，铸造时用的模具。

④白沙：明代学者陈献章，广东新会人，字公甫。隐居白沙里，世称白沙先生。时有"活孟子"之称。

人只一念贪私,坏了一生人品

人只一念①贪私,便销刚为柔、塞智为昏、变恩②为惨③、染洁为污,坏了一生人品。故古人以不贪为宝,所以度越一世。

今译:

人只要闪现出贪婪或自私的念头,原本刚直的性格就会变得懦弱;原本聪明的头脑就会变得昏庸;原本慈悲的心肠就会变得冷酷;原本纯洁的人品就会变得污浊。这等于是葬送了一辈子的品德。所以道德修养高深的古代圣贤主张,应把不贪二字作为修身养性的法宝,只有靠它才能平安幸福地度过一生。

点评:

佛教《华严经》说:"往昔所造诸恶业,皆由无始贪嗔痴。"一个人之所以会造种种恶业,源于人性中的三种毒素:贪婪、嗔恨和愚昧。贪婪是修行的头号敌人。一个人起了贪心,就会被私欲牵引,逐物迷己,利令智昏,变得懦弱、昏庸、冷酷、污浊。因此《左传》中春秋时宋国的贤臣子罕说:"我以不贪为宝。"有了不贪这块宝,一生一世用不完。

---

①一念:刹那间所起的意念。《二程遗书》:"一念之欲不能制,而祸流于滔天。"

②恩:恩爱。

③惨:狠毒。

主人常惺惺，贼人化家人

耳目见闻为外贼①，情欲意识为内贼。只是主人翁惺惺②不昧③，独坐中堂④，贼便化为家人矣！

今译：

眼睛喜欢看美丽的颜色，耳朵喜欢听悦耳的声音，目所见到的、耳所听到的，是外贼；痴迷冲动的激情，难以满足的欲望，是内贼。不管是内贼还是外贼，只要灵觉的心时时保持清醒，使做的事都合乎本心，所有的贼人都会转变成家人，各种烦恼就会化作纯真佛性。

点评：

佛家讲，内有眼耳鼻舌身意六根，外有色声香味触法六尘。修行，就是要六根清净，一尘不染。六根是内在的欲望，六尘是外在的诱惑，内在的欲望和外在的诱惑，是修行中最可怕的敌人。牢牢看守好每一个起心动念，不让它走邪走偏，就好像主人公端端正正地坐在大厅，不管是蠢蠢欲动的内贼，还是充满诱惑的外贼，都不会再妄动，而是规规矩矩本本分分，转化成可亲可爱的自家人。

---

①外贼：来自外部的侵害。佛家认为色声香味触法六尘，都是以眼等六根为媒介劫持一切善法，所以用贼来代表六尘。

②惺惺：警觉清醒。

③不昧：不昏聩不糊涂。

④中堂：中厅。

保已成之业,防将来之非

图未就之功,不如保已成之业;悔既往之失①,不如防将来之非。

今译:

与其谋划不一定能实现的功业,还不如维持好已经完成的事业;与其懊悔过去的失误,还不如预防未来可能犯的错误。

点评:

人的这一生只有三天:昨天、今天和明天。昨天已成过去,明天还没到来,唯一能过好的就是今天。与其幻想将来的辉煌灿烂,不如踏踏实实地做好当下的事业,因为你能把握住的只有今天;与其悔恨以前的过失滔天,不如想着明天的错误如何避免,因为修心的关键就是此刻。

---

① 《论语·微子》记楚狂接舆歌:"凤兮凤兮,何德之衰。往者不可谏,来者犹可追。"

气象要高旷，趣味要冲淡

气象要高旷，而不可疏狂①；心思要缜密，而不可琐屑；趣味要冲淡，而不可偏枯；操守要严明，而不可激烈。

今译：

气度要高瞻远瞩豪迈不羁，却不可以流于粗野的狂放；思想要细致精当绵密周详，却不可以流于琐碎的繁杂；情趣要冲和恬淡超凡脱俗，却不可以流于枯燥与单调；操守要光明磊落堂堂正正，却不可以流于偏激与狭隘。

点评：

现实生活中，每个人都希望成为一个有涵养的君子，然而其中的尺度很难把握。做人要豪放旷达，可豪放得过了头，又容易变成粗野莽撞。做事要心思缜密，可缜密得过了头，又容易变成烦冗琐细。你的兴致可以高雅淡泊，但不要孤芳自赏。你的操守可以严谨独立，但不可偏激狭隘。把握得不偏不颇，修炼得炉火纯青，才是《中庸》里所说的"极高明而道中庸"，即致力于达到高大光明的境界，把不偏不倚作为修养的功夫。

---

①疏狂：豪放而不拘束。此处引申为自大的意思。

风过疏竹不留声,雁去寒潭不留影

风来疏竹,风过而竹不留声;雁度寒潭,雁去而潭不留影。故君子事来而心始现,事去而心随空。

今译:

当风儿拂过竹林时,竹林发出了沙沙的响声,风儿吹过之后,竹林并没有留下风声;当大雁飞过澄澈的潭水时,潭水就倒映着大雁的影子。大雁飞过之后,潭水并没有留下雁影。君子在事情来临的时候,对事情会有自然的反应;当事情过去了的时候,心境就恢复了原本的空明。

点评:

《金刚经》说:"应无所住而生其心。"这是修心的最高境界。事情来了,就自然而然地去感应,但是不会去执着,不会被外境牵着走。事情发生时没有感应,就是一潭死水,了无生机;事情过去后还在纠缠,就是妄想,糊涂痴迷。事来不拒,事去不留。

清能有容，明不伤察

清能有容，仁能善断，明不伤察，直不过矫，是谓蜜饯不甜，海味不咸，才是懿德。

今译：

清廉高洁而能包容，心地仁慈而善于决断，明察秋毫而不苛求，性情耿直而不偏颇。就像蜜饯虽然甜却甜得恰好，能让人类食用；海水虽然咸却咸得有度，能让鱼虾生存。只要掌握好中庸的尺度，就具备了为人处世的美德。

点评：

儒家讲究中庸之道，为人处世要保持适度，不偏不倚。清廉正直的人，在秉持公正的同时，应该有宽厚柔和的气度，可避免矫枉过正而行事偏激。仁慈的人，处事应该果断坚决，可防止被善心遮蔽了理智。严明的人，洞察秋毫，但不过分苛责。耿直的人，态度端正，但不刚硬激烈。把握中庸的尺度，才是为人的美好德行。

君子穷且益坚,自是风雅气度

贫家净扫地,贫女净梳头,景色虽不艳丽,气度自是风雅。士君子一当穷愁寥落①,奈何辄自废弛哉!

今译:

贫穷的家庭把地扫得干干净净,贫家的女子把头梳得整整齐齐。陈设和装饰虽然算不上光鲜亮丽,却能够显示高雅脱俗的风范。君子穷愁潦倒时,又怎么能荒废松懈而自暴自弃!

点评:

穷人家的房子,虽然简陋陈旧,但只要布置得干净整齐,自然有清雅纯朴的气象。穷人家的女子,虽然没有珠宝首饰,但只要梳洗得干干净净,也会散发出天然纯净的美丽。一个有才识的君子,在贫困时也不要自暴自弃!即使你身处困境,只要不丧失理想和志气,修养好品性,准备好自己,总有一天会出人头地。

---

①寥落:寂寞不得志。

闲不放,静不空,暗不欺

闲中不放过,忙处有受用;静中不落空,动处有受用;暗中不欺隐,明处有受用。

今译:

在闲暇的时候珍惜时光,繁忙的时候就能够受用;在宁静的时候不要白白度过,喧闹的时候就能够应付自如。当你独坐在人看不见的地方,既没有什么邪念更不做坏事,那么在光天化日大庭广众之下,你就能心安理得,磊磊落落。

点评:

中国有一个成语叫作"未雨绸缪",意思是在风雨来临前,要抓紧时间修缮房屋,这样才不会有淋雨的隐患。做任何事情,都要提前做好准备。要把功夫下在平时,而不是"平时不烧香,临时抱佛脚"。事到临头才去想办法解决,就会贻误时机。安闲的时候不放逸,宁静的时候不虚度,繁忙多事的时候,就能从容不迫应对有余。人的品性修养也是一样,在别人看不见的地方也不做亏心事,在大庭广众前就能坦坦荡荡。

转祸为福，起死回生

念头起处，才觉向欲路上去，便挽从理路上来。一起便觉，一觉便转，此是转祸为福，起死回生的关头，切莫轻易放过。

今译：

当邪妄的念头刚刚生起的时候，你发觉它有走向物欲方向的可能，就要立刻用理智把它拉回到正路上来；不好的念头一产生就要立刻警觉，有所警觉时就要立刻扭转它，这才是转祸为福起死回生的重要关头，所以你切不可放过邪念产生的一刹那。

点评：

修行的本质是修心。心的本体是纯纯净净，心的作用是佛魔各半。天理明时佛在堂，欲念动时魔附体。不怕杂念起，只怕觉悟迟。一旦发现这颗心滑到欲路上去，就要立即把它拉到理路上来。如果看不好这颗心，放纵了欲望，就容易灾祸至，大难临，所以要时时警觉，刻刻清醒，切不可因一时的快意，而葬送了美好的一生。

静中念虑澄澈，闲中气象从容

静中念虑澄澈，见心之真体；闲中气象从容，识心之真机；淡中意趣冲夷①，得心之真味。观心证道，无如此三者。

今译：

在宁静中心境才会清澈，这时才能发现心的本体；在闲暇中气象才会悠暇，这时候才能发现心中的玄机；在淡泊中意趣才会平静，这时才能发现心中的趣味。反省内心来体验证悟无上的大道，再也没有比这三种情况更好的了。

点评：

反省自己的内心，体悟神圣的大道，有三个途径最为直接：首先，保持宁静的心境，让杂念渐渐沉淀，这就是心灵的本体；其次，保持从容的气象，让心灵辉映万物，这就是心灵的玄机；最后，保持淡泊的情怀，让心灵恬淡自由，这就是心灵的真味。

---

①冲夷：冲，谦虚、淡泊；夷，和顺、和乐。

动中静是真静，苦中乐是真乐

静中静非真静，动处静得来，才是性天①之真境；乐处乐非真乐，苦中乐得来，才见心体之真机。

今译：

在万籁俱寂中得到的宁静不是真静，在喧闹中仍然保持平静的心境，才是人类本性中真正的宁静；在得意热闹中得到的快乐不是真乐，在艰苦中仍然保持乐观的情趣，才是合乎心体的真正的机用。

点评：

什么是真正的宁静？在安静的环境里静下心来读书，不是真宁静。在喧闹的集市里，还能静下心来读书，才是真正的宁静，因为你不会因为外在的干扰而乱了心性。什么是真正的快乐？繁华热闹中的欢声笑语，不是真快乐，因为曲终人散时内心立即就会落寞。在艰苦的环境里能够积极乐观，才是真正的幸福快乐。

---

①性天：天性。《中庸》："天命之谓性。"意为人性是由天所赋予的。

舍己毋处疑，施恩毋求报

舍己毋处其疑①，处其疑，即所舍之志多愧矣；施人毋责其报，责其报，并所舍之心俱非矣。

今译：

做出奉献时，不应有计较利害得失的观念，否则会使你犹疑不决，就会给你的奉献行为蒙上羞愧；施恩给人时，不要希求得到别人的回报。如果你要求对方回报，就会使你施恩的好心变质。

点评：

做好事时，不要计较结果。如果计较结果，就会产生迟疑，使得做好事的本心蒙上羞耻。帮助别人时，不要贪图回报。如果贪图回报，就会使得帮助别人的心受到污染。计较利害得失，企求得到回报，这是因为对"我"的执着还没有彻底断除，处处都在围着"我"打转，虽然表面上帮助了别人，究其本心却是自私功利的，表面上是在做好事、帮别人，实际上只是在做交易。

---

①毋处其疑：不要存犹疑不决之心。

乐观旷达之心，笑对人生厄境

天薄我以福，吾厚吾德以迓之；天劳我以形，吾逸吾心以补之；天厄我以遇，吾亨吾道以通之。天且奈我何哉！

今译：

上天让我福分稀少，我就积累德行来耕种福田；上天使我身体劳累，我就内心闲逸来加以补偿；上天使我遭遇厄运，我就修养大道来使它通达。有了这般乐观旷达的态度，老天爷又能把我怎么样！

点评：

中国古代儒家著作《孟子》有言：上天将要把重大使命托付给一个人，一定要先使他内心痛苦，使他的筋骨劳累，使他的身体饥饿，使他遭受贫穷，使他做事不顺，通过这些来使他的性格坚强起来，增加他原本不具有的能力。一个人要成就大事，一定要经历磨难。宋儒张载在《西铭》中也说："贫贱忧戚，庸玉汝于成也。"在困难和逆境中磨炼自己，不屈不挠地去争取胜利。能够受天磨，才是真铁汉！上天让我福分薄，上天让我身体劳累，上天让我遭遇困苦，是对我的考验，也是在给我机会。只要积极去面对，就会收获累累硕果。

贞士无心求福，险人着意避祸

贞士①无心徼福，天即就无心处牖②其衷；憸人③着意避祸，天即就着意中夺其魄。可见天之机权④最神，人之智巧何益？

今译：

坚守志节的有高深修养的君子，虽然无意追求自己的福分，上天却偏偏在他无意之间，导引他完成想完成的事业；行为邪恶而有阴险居心的小人，虽然用尽了心机来逃避灾祸，上天偏偏在他着意避祸时，来夺走他的魂魄使他蒙受灾祸。可见上天操纵机权的能力，是神妙无比极具玄机的。人类卑微渺小平凡无奇的智巧，在伟大的造物主面前是多么微不足道！

点评：

人的生死富贵、福祸吉凶，表面上取决于上天，实际上都源自身感召。上天让人招祸还是得福，主要看你自己种下了什么因缘。中国古代劝善文《太上感应篇》说："祸福无门，惟人自召。"吉人无心求福，福报滚滚而来；小人着意避祸，祸患接踵而至。这就是神妙的天机。是福不是祸，是祸躲不过。在神妙的天机面前，人类的智巧是多么的微不足道。

①贞士：志节坚定的人。
②牖：诱导、启发。
③憸人：行为不正的小人。
④机权：灵活变化。机，灵巧。权，变通。

声妓从良品无碍，贞妇失守晚节非

声妓①晚景从良，一世之胭花②无碍；贞妇白头失守，半生之清苦俱非。语云："看人只看后半截。"真名言也。

今译：

风尘女子如果晚年能择人而嫁成为一名良家妇女，那么虽然一辈子在烟花之地，并不妨碍她从良后的生活；恪守贞节的节烈女子，虽然前半生清贫寂寞，如果晚年耐不住寂寞，她前半生守寡所忍受的痛苦都付诸东流。有一句谚语说："要想正确地评价一个人一辈子的功过得失，只需要根据他后半生的行为就可得出结论。"这真是一句至理名言。

点评：

古人评价人，非常注重晚节，讲求善始善终。一旦晚节不保，就会引来非议。有些人年轻时建功立业，晚年却沉迷于声色犬马，这些错误会成为他一生的污点。有些人年轻时醉生梦死，老后洗心革面。因为改邪归正，就获得了世人的同情。

---

①声妓：古代宫廷和贵族家中的歌舞妓。此指一般妓女。古时妓女隶属乐籍，被人视为贱业。脱离乐籍嫁人，就算是从良。

②胭花：指卖笑生涯。

种德者如无位公卿，贪权者成有爵乞人

平民肯种德①施惠，便是无位的公相；士夫②徒贪权③市宠④，竟成有爵的乞人⑤。

今译：

平民百姓只要能够多做善事帮助他人，就是没有实际官位而恩泽普施的公卿；达官贵人贪恋权势利用官职邀求宠幸，他的行径就像个有官位的乞丐般可怜。

点评：

一个人的美好品格，往往彰显着一种特殊的力量。不论是平民百姓还是王公贵族，拥有美好的精神品格，就会拥有强大的人格魅力，受到人们的肯定和拥戴。那些贪恋权位而无所不用其极的人，即使积累了财富，却失去了人品，必然遭到世人的唾弃。而那些拥有美好品德的人，即便只是一个普普通通的老百姓，也会受人爱戴得到褒扬。

①种德：行善积德。

②士夫：士大夫，官吏。

③贪权：贪婪权势。

④市宠：博取别人的喜爱或恩宠。

⑤有爵的乞人：有官爵的乞丐。

当念积累之难,常思倾覆之易

问祖宗之德泽,吾身所享者是,当念其积累之难;问子孙之福祉,吾身所贻者是,要思其倾覆之易。

今译:

假如要问祖先留下了什么恩德,那就是我们现在所享受的美好生活。享受这些美好生活时,应当感念祖先积累它们的艰难。假如要问子孙将来是否幸福,就要看给我们子孙留下的德泽有多少,留给子孙的德泽稀薄,子孙就难以守成而使家道衰落。

点评:

万丈高楼修建难,倾倒只在一瞬间。一个家庭的良好家风,离不开祖先一代代的积累传承。人生于世,对待家庭一定要有深切的责任感,要严格地要求自己,一方面要传承祖先的优良风尚,另一方面也要为子孙后代树立美好的榜样。

君子而诈善,无异于小人

君子而诈善①,无异小人之肆恶②;君子而改节③,不及小人之自新。

今译:

君子如果以欺诈行为博取善名,他的行为就像作恶多端的小人。君子改变了志向操守与人同流合污,那还不如一个改过自新的小人。

点评:

行善当须行纯善,诈善杂念塞其心。一个君子,如果以欺诈的行为获取善名,比如假借慈善的名义来敛财,比如在行善的时候想着回报等,这和小人肆无忌惮地做坏事,并没有什么区别;浪子回头金不换,贞妇失节丧美名。一个君子如果改变了节操,就彻底毁了一生的美好名声,让人感叹惋惜,还不如小人改过自新受人欢迎。

---

①诈善:虚伪的善行。
②肆恶:恣意作恶。
③改节:改变志向。

春风解冻，和气消冰

家人有过，不宜暴扬，不宜轻弃。此事难言，借他事隐讽①之；今日不悟，俟来日再警之。如春风解冻，如和气消冰，才是家庭的型范。

今译：

家里的人有了过失，不可以大发脾气来对待，更不能漠然不管；如果这件事不好直接说，就要借别的事情来暗示；如果他今天明白不过来，就要等日后再加以劝告。像春风消融他心头的寒冷；像和暖的气流化解他心头的坚冰。这样的家庭才堪称典范。

点评：

家庭是个小社会，社会是个大家庭。在家庭里，有些夫妻心眼小，一言不合就开吵。有些父母一根筋，动辄就将子女训。这些行为最愚蠢，既气恼了自己，也伤害了亲人。最难的修行，在亲密的关系里面。在家庭里面，最重要的是要有包容心，对待家人的错误，要像春风融化冰雪一样，化解他的错误和寒冷。如果一味去指责、辱骂甚至殴打，或是不理不睬进行冷战，就会使温暖的天堂变成冰冷的地狱。家和万事兴，要多站在对方的立场来考量，要善待亲人，珍爱这美好的亲情。

---

①隐讽：借用其他事物来婉转劝人改过。

此心能圆满,世界无缺陷

此心常看得圆满,天下自无缺陷之世界;此心常放得宽平,天下自无险侧①之人情。

今译:

只要经常保持一种乐观爽朗的心境,世界就会非常美好而没有任何缺憾;只要经常保持着一种宽容大度的襟怀,人间就会非常安全而没有任何恶险。

点评:

万法由心显,你看到的这个世界到底是圆满还是缺憾,是平安还是阴险,其实都是自己内心投影的显现。你的心里充满着美洋溢着爱,再看这世界上的种种缺憾就不复存在;你的心宽厚平和,再看这天底下的人情事理也就不再险恶。世界是内心的投影,用一颗美好的心,来看世界的美好吧。我见世界多妩媚,料世界见我亦如是。人与世,两欢喜。

---

①险侧:邪恶不正。

操履不可少变,锋芒不可太露

澹泊之士,必为浓艳者①所疑;检饬之人,多为放肆者所忌。君子处此,固不可少变其操履,亦不可露其锋芒!

今译:

恬淡寡欲的人,必定为热衷名利的人所怀疑;谨慎检点的人,必定被行为放肆的人所忌恨。所以,君子处在这样的环境中,固然不可以改变操守而同流合污,也不能锋芒毕露而招致忌恨。

点评:

人的猜疑心和嫉妒心,在人际关系当中是普遍存在的。为人处世时,既然改变不了环境,就要改变我们自己。我们没办法根除人性中的猜疑和妒忌,但可以智慧地保护好自己。与猜疑心强、嫉妒心重的小人相处时,要低调内敛、不露锋芒,以避免遭到无端的猜疑和疯狂的中伤。

---

①浓艳者:指身处富贵荣华权势名利之中的小人。

逆境锻炼品节，顺境消磨斗志

居逆境中，周身皆针砭药石①，砥节砺行②而不觉；处顺境内，满前尽兵刃戈矛，销膏靡骨③而不知。

今译：

生活在艰难困苦的环境中，接触到的都是能够砥砺前行的东西，在不知不觉中会把你的一切毛病治好；生活在优裕丰厚的环境中，所见到的全是像刀枪戈矛般的利器，在不知不觉中会把你的身心彻底摧残。

点评：

清代王士禛在《池北偶谈》中说："成德每在困穷，败身多因得志。"恶劣艰难的环境，往往能激发一个人的生存斗志，使人在奋发向上的过程中，不知不觉磨砺了意志，锤炼了品德。在富贵悠闲的环境中，人便容易纵情声色、腐化堕落。"自古英雄多磨难，从来纨绔少伟男。"太过安逸舒适的环境，很难诞生怀抱着雄心壮志的英雄。因此，不应该害怕逆境和困难，要充满信心，积极乐观地面对人生的风风雨雨。

①针砭药石：针，古时用以治病的金针；砭，古时用来治病的石针；药石，泛称治病用的药物。针砭药石喻砥砺人品德气节的良方。

②砥节砺行：粗磨刀石为砥，细磨刀石为砺。指磨炼气节品行。

③销膏靡骨：融化脂肪，腐蚀骨头。

嗜欲如猛火，权势似烈焰

生长富贵丛中的嗜欲①如猛火，权势似烈炎。若不带些清冷气味，其火焰不至焚人，必将自烁矣。

今译：

生长在富贵大家族中的人，嗜好欲望如猛火般炽烈，权势地位如烈焰般灼人。如果不加节制收敛，猛火烈焰即使不让他人受伤，也一定会把他自己焚毁。

点评：

《道德经》说："金玉满堂，莫之能守。富贵而骄，自遗其咎。"身处富贵之中，更要节制自己。如果放纵欲望，即使拥有再多的财富和权势，也会被烧得片甲不留。福报要好好珍惜，而不要肆意挥霍。好日子透支完了，苦日子就会到来。

---

①欲：指放纵自己对酒色财气的嗜好。

精诚所至，金石可镂

人心一真，便霜可飞①，城可陨，金石可贯；若伪妄②之人，形骸徒具，真宰③已亡，对人则面目可憎，独居则形影自愧。

今译：

一个人情志至诚就能感动上天，在夏天降霜，让城墙倾倒，让穿透金石。一个虚伪的人，只是具有人的肉体，只是披着一张人皮，不但在人前就面目可憎，独自一人时也会感到羞耻。

点评：

谚语说："精诚所至，金石为开。"一个人有了至诚之心，就能感天动地，甚至让坚硬的金石都为之开裂。中国古代神话传说中，战国时期的思想家邹衍，蒙冤入狱，上天就在炎热的夏天降下冰霜来显示他的冤屈。孟姜女的丈夫死于残酷的劳役中，她就在长城脚下痛哭，居然哭倒了长城。可见一颗真诚的心，具有不可思议的强大力量。那些心怀鬼胎、虚情假意的小人，即使玩弄权术得意一时，终究会遭到世人的唾弃。

---

①霜可飞：喻人的精诚可感动上天，变不可能为可能，在炎热夏天降下冰霜。传说邹衍蒙受不白之冤，仰天哭泣，上天在五月为他降霜。

②伪妄：虚伪，心怀鬼胎。

③真宰：指人的灵魂。

文章极处只恰好，人品极处只本然

文章做到极处，无有他奇，只是恰好；人品做到极处，无有他异，只是本然。

今译：

文章写到登峰造极的境界时，并没有特别奇妙的地方，只是恰到好处；修养达到炉火纯青的境界的人，和普通的人并没有什么不同，只是回归到纯真善良的本性。

点评：

唐代大诗人李白说，文学作品，要"清水出芙蓉，天然去雕饰"。好的文章，就像清水池中的莲花，美丽自然，毫不做作。可是在写作时，人们总喜欢堆砌辞藻，追求奇特的章法技巧，以显示博学多才。这种没有真情实感的文章，缺乏打动人心的力量。做人也是一样。故意标新立异、博人眼球，往往都是为了生存的无奈之举。真正的高人，不会去故弄玄虚，而是回归真实的本性，坦坦荡荡朴素自然。

既要看得破,又须认得真

以幻迹言,无论功名富贵,即肢体亦属委形①;以真境②言,无论父母兄弟,即万物皆吾一体③。人能看得破认得真,才可任天下之负担,亦可脱世间之缰锁。

今译:

从一切皆虚幻的立场来看,不论是功名富贵,还是自己的躯体,都是上天暂时赐予你的;从一切皆真实的角度来说,不论是父母兄弟还是天地万物,都和我浑然一体。一个人既要看透这世界的虚幻,同时又能活得认真,就既可以担负起经世治国的重任,也可以摆脱功名利禄的束缚。

点评:

佛家主张缘起性空,认为世界上的万事万物都是由于各种条件和合而生起的,所以它们在本性上是空的。所以要看得破放得下,自己的身体尚且是幻化而成,更何况身体之外的功名富贵;另一方面,因条件不同而形成了万事万物,它们在外相上是有的。所以要担得起认得真,父母兄弟要珍惜,天地万物要爱护。能够看得破,就能活得自在洒脱;能够认得真,就能担当天下的重任。

---

①委形:委,赋予。委形,上天赋予我们的形体。《庄子·齐物论》:"吾身非吾有,孰有之哉?是天地之委形也。"

②真境:超物质的形而上的境界。

③《庄子·齐物论》:"天地与我并生,万物与我为一。"

凡事有节制，五分便无悔

爽口之味，皆烂肠腐骨之药，五分便无殃；快心之事，悉败身丧德之媒，五分便无悔。

今译：

吃起来甘爽可口的美味佳肴，事实上都是烂肠腐骨的毒药，只吃个半饱就不会有何妨碍；令人称心如意手舞足蹈的事，事实上都是身败名裂的媒介，只享受五分就不会招致后悔。

点评：

很多种疾病，都是因贪图口感的舒适，饮食毫无节制而吃出来的。所以美食当前时，一定要适当地加以节制，这样就不会招来祸患。做事情也是同样的道理。冲动快意的事情，如果不加以节制，就会让人身败名裂声名狼藉，从而招致长久的后悔。

不责人小过,不念人旧恶

不责人小过,不发人阴私,不念人旧恶。三者可以养德,亦可以远害。

今译:

不指责别人犯下的小错误,不揭发别人的隐私,不计较别人以往犯下的过错。这三条是做人的原则,既可以培养品德,也可以避免灾祸。

点评:

与人相处,多一些宽容,就会多一些朋友;少一些计较,就会少一些敌人。日常生活中,有些人总是喜欢求全责备,对别人的过错斤斤计较,甚至故意揭人短处,数落别人的过失。殊不知,这样的态度不仅起不到良好的效果,反倒招致别人的抵触,让他对你生起了仇恨。为人处世,应当以和为贵。唯有保持包容豁达的胸怀与善待他人的雅量,才能活得开心,活得欢喜。

持身不可轻,用意不可重

士君子持身①不可轻②,轻则物能挠③我,而无悠闲镇定之趣;用意不可重,重则我为物泥,而无潇洒活泼之机。

今译:

君子在待人接物时不可以轻率躁进。轻率躁进就容易受到外物困扰,就会丧失悠闲宁静的意趣;君子在处理事情时不要有太多执着。过于执着就会被事情困扰束缚,就会丧失潇洒超然的蓬勃生机。

点评:

君子要尽量养成沉稳厚重的气度。如果待人轻浮,做事鲁莽,斤斤计较,顾虑重重,怎么可能摆脱外界的诱惑和干扰,保持内心的镇定和洒脱呢?所以说,持身不可轻,用意不可重,正是对性情最好的磨炼。练就了"不以物喜,不以己悲"的处世态度,就收获了气定神闲的潇洒气度,做事情更能够进退自如,张弛有度。既厚实稳重,又活泼洒脱。

---

①持身:做人的态度、原则。
②轻:轻浮、急躁。
③挠:困扰。

天地有万古，人生只百年

天地有万古，此身不再得；人生只百年，此日最易过。幸生其间者，不可不知有生之乐，亦不可不怀虚生①之忧。

今译：

天地万古长青，人的生命只有一次；一个人最多活到百岁上下，今天最容易逝去。有幸生存在天地之间，既不可丧失生的乐趣，也不可浪费一世光阴。

点评：

唐代诗人陈子昂感叹："前不见古人，后不见来者。念天地之悠悠，独怆然而涕下。"和永恒的时间相比，人的生命匆匆而逝，怎不令人感慨系之！究竟如何才能把握这短暂的人生，什么样的人生才不算是虚度呢？"一万年太久，只争朝夕！"珍惜光阴，活在当下，积极进取，奉献社会，这样一个人的生命才能像一滴水融入大海一样，永不干涸。

---

①虚生：虚度一生无所作为。

德怨两忘，恩仇俱泯

怨因德彰，故使人德我①，不若德怨之两忘；仇因恩立，故使人知恩，不若恩仇之俱泯。

今译：

怨恨由于德行而彰显，与其让人佩服我的德行，不如既不让人赞美也不让人埋怨；仇恨由于恩惠而产生，与其让人感念我的恩情，不如将恩惠与仇恨都加以泯灭。

点评：

爱与恨，恩与怨，虽然有区别，但又密切相关联。如果不是曾经爱得真、爱得深，又怎有分手时候的恨之深、怨之切？如果别人不是总想着你的恩情和德泽，又怎么会在失望的时候，心怀不满和怨恨？不求于人有恩德，但求于我无怨仇。无德就无怨，无恩就无仇。

---

①德我：对我感恩怀德。

老来疾病壮时招，衰后罪孽盛时造

老来疾病，都是壮时招的；衰后罪孽，都是盛时作的。故持盈履满①，君子尤兢兢焉。

今译：

一个人到了晚年体弱多病，是年轻时不注意爱护身体所招来的；一个人失意后还遭受各种罪孽，是得志时不加节制所造成的。即使君子生活在幸福环境中，也要时刻抱着战战兢兢的态度，以免伤害到身体，伤害了别人。

点评：

常言说："得意勿忘失意日，上台勿忘下台时。"一个人在春风得意时要多做好事多积德，免得留下罪孽官司缠身。更何况盛衰寻常事，风水轮流转。白云苍狗，世事变幻无常，今天高高在上，明天就可能被别人使唤；今天腰缠万贯，明天就可能流落街头。要居安思危，给自己留个后路。

---

①持盈履满：指已经达到最好程度的美满的物质生活。

结新不如敦旧，立名不如种德

市私恩①，不如扶公议②；结新知，不如敦旧好；立荣名，不如种隐德；尚奇节，不如谨庸行。

今译：

与其去收买人心，不如争取大众的舆论；与其结交新朋友，不如加深旧交情；与其为自己制造荣誉，不如暗中积累德行；与其崇尚神奇的节操，不如做好平凡的事情。

点评：

在社会上，有些人喜欢做表面文章，搞形象工程。他们做出了一点小成绩，就大张旗鼓地吹嘘宣扬，唯恐别人不知道。这种人在帮助别人时，也主要出于私心的考虑。因此，哪怕他们取得了一些成绩，也不会真正地得到民心。君子不会费尽心机地宣传自己，而是真正地为大家做实事。

---

①市私恩：市，买卖。市私恩指收买人心。

②扶公议：扶，扶持；公议，社会舆论。扶公议指以光明正大的行为争取社会声誉。

公道正论不可犯,权门私窦不可染

公平正论不可犯手①,一犯则贻羞万世;权门私窦②不可着脚③,一着则玷污④终身。

今译:

凡是社会公认的规范绝对不可触犯,触犯了就会遗臭万年;凡是权贵营私的地方绝对不可钻营,钻营了就会耻辱终身。

点评:

一个人立身处世,要坚守住底线。一个社会的底线,就是人心的正义和社会的公道。一旦有人公然践踏社会底线,必然会遭到舆论的谴责和后人的鄙视。那些为了一己私利,铤而走险的人,终究难逃法律的制裁和道德的审判;有操守讲气节的人,要有所为,有所不为。徇私舞弊、阿谀奉承,纵然可以风光一时,最后却会葬送了一世。

---

①犯手:触犯,违犯。

②私窦:私门。窦指壁间的小门。

③着脚:踏进去。

④玷污:指美誉受到污损。

直躬何妨他人忌，无恶何惧小人谤

曲意而使人喜，不若直躬①而使人忌；无善而致人誉，不若无恶而致人毁。

今译：

与其曲意奉承博取他人的欢心，不如光明磊落而遭受小人的忌恨；与其没有善行却得到他人的赞美，不如没有恶行而遭受小人的毁谤。

点评：

人生在世，在追求财富和幸福的路上，最重要的是光明磊落，举止端正。那些一味地委屈自己迎合他人，或者贪占别人的功劳来谋求自己名望的行径，终究会被揭穿，令人不齿。《论语》说："君子坦荡荡，小人长戚戚。"作为受人尊敬的君子，会坚守内心的良知，保持精神的独立。哪怕他耿直的性情和磊落的行为会招致小人的忌恨，也不会因此而动摇信心。

---

①直躬：刚正不阿的行为。

从容处家族之变，剀切规朋友之失

处父兄骨肉之变，宜从容不宜激烈；遇朋友交游之失，宜剀切①不宜优游②。

今译：

当碰上家庭纠纷一类的事情时，应该从容沉着，不可以言行激烈把事情弄得更糟；当碰上朋友犯错误的时候，应该诚恳规劝，不可以因害怕得罪他而眼睁睁看着他继续错下去。

点评：

家庭是维系亲情的地方，爱是化解一切矛盾的良方。当父母兄弟出现了矛盾时，应该和言善语地劝勉，晓之以理，动之以情。激烈的责骂或意气用事，只会激化矛盾，让事情更糟；和朋友相处，要彼此欣赏尊重，但当朋友犯了错，不能一味地包庇纵容，视而不见，而是哪怕受到暂时的误解，也要直言规劝，避免他进一步滑向错误的深渊。

①剀切：切实、直截了当。
②优游：模棱两可。

小处不漏,暗中不欺,末路不怠

小处不渗漏,暗中不欺隐,末路不怠荒,才是个真正英雄。

今译:

细微的地方也不粗心大意,在没人看见的地方也不做见不得人的事,在穷困潦倒的时候不会懈怠而自暴自弃。这样的人才是真正的英雄好汉。

点评:

真正的英雄,既能从大处着眼,也能够从小处入手;在人前顶天立地,在人后堂堂正正;在得意时叱咤风云,在失势时砥砺奋发。这样的英雄,才是有勇有谋、能屈能伸、表里如一的真英雄、大丈夫。那些流寇草莽,表面上勇猛威风,实则粗鄙不堪。

千金难结一时欢，一饭竟致终生感

千金难结一时之欢，一饭竟致终身之感[①]。盖爱重反为仇，薄极翻成喜也。

今译：

用千金不一定能使人与你短期相交好，用一顿饭也可能让人终生感激回报。恩情一直很重时，稍微感受到寡淡就容易反目成仇；情谊一直寡淡时，稍微感受到温暖就会欢喜无限。

点评：

人与人之间的情感是极其微妙的。俗话说："一碗饭养一个恩人，十碗饭养一个仇人。"汉代的大将军韩信在年少落魄的时候，河边洗衣服的老婆婆给他了一碗饭吃，他始终念念不忘，后来回报给老婆婆千金的资财，这就是"一碗饭养一个恩人"。与此相反，如果帮助别人的时候，只知道一味地给予，反而会助长对方的懈怠和懒惰，一旦给予少了，对方不会感恩，甚至会产生怨恨，这就是"十碗饭养一个仇人。"之所以这样，是因为人性的通病：习惯了接受，就忘记了感恩。

[①]终生之感：如韩信终生感念漂母的一饭之恩。

藏巧于拙，以屈为伸

藏巧于拙，用晦而明，寓清于浊，以屈为伸，真涉世之一壶，藏身之三窟①也。

今译：

宁可显得笨拙而不显得聪明；宁可收藏内敛而不锋芒毕露；宁可平易随和而不自命清高；宁可退让委曲而不钻营图进：这才是立身处世的最妙法术，这才是明哲保身的方法。

点评：

谦虚是美德，更是大智慧。在《易经》六十四卦中，最完美无缺的卦就是"谦"卦。《道德经》说："大智若愚，大巧若拙。"真正有大智慧的人，看上去笨笨傻傻，不会去显露聪明；看上去窝窝囊囊，不会锋芒毕露；看上去混混沌沌，不会自命清高；看上去退退缩缩，不会去钻营攫取。这是中国哲学所崇尚的高人境界，处世智慧。

---

①三窟：狡兔三窟。喻安身救命之处很多。《战国策·齐策》："狡兔有三窟。"

盛极必衰，否极泰来

衰飒①的景象，就在盛满中，发生的机缄即在零落内。故君子居安宜操一心以虑患，处变当坚百忍②以图成。

今译：

衰落颓败的景象，往往在人们得意时生起了苗头；枯木逢春的绚烂，往往是在人们失意时孕育出的生机。君子春风得意地位稳固时，要防范可能发生的灾祸；置身于变动灾祸之中时，要坚忍不拔地奋斗，以取得最后的成功。

点评：

中国古代哲学名著《易经》说："日中则昃，月盈则亏。"太阳过了正午就向西偏斜，月亮变成满月便转向残缺。盛极而衰，否极泰来，是天地万物普遍的规律。人生也是如此。君子显达的时候，要居安思危，时刻保持清醒与冷静；患难的时候，也不要气馁，用昂扬乐观的精神、坚忍的意志，来克服困难，渡过难关。

---

①衰飒：指境遇衰败没落。
②百忍：喻极大的忍耐力。

惊奇喜异无远识,苦节独行非恒操

惊奇喜异者,无远大之识;苦节独行者,非恒久之操。

今译:

喜欢标新立异行为怪诞的人,不会有高深的学问和远见;苦守名节而自命清高的人,无法长久地保持操守。

点评:

大千世界,万象纷纭,芸芸众生,个性各异。有的人喜欢标新立异,有的人喜欢朴素平淡。从中国哲学角度看来,张扬个性固然好,但没有把握好尺度,做得过了头,就会有很大的问题。一味地喜欢标新立异、离群索居、特立独行的人,表面上很有个性,博人赞赏,实际上很难勤奋努力,脚踏实地。真正的修行,一定是要回到红尘,回到大地。

情欲关头能转念，邪魔即可化真君

当怒火欲水正腾沸处，明明知得，又明明犯着。知的是谁，犯的又是谁？此处能猛然转念，邪魔①便为真君②矣。

今译：

当愤怒像烈火般上升，当欲念如开水般翻滚，虽然明知它们是错误的，却难以控制。知道这种道理的是谁，明知故犯的又是谁？假如在这个紧要关头，能够猛然地转换心念，那么即使是邪魔恶鬼，也会化成纯正的佛心。

点评：

佛家讲，一个善念生起，众生就有了佛意；一个恶念生起，众生就有了魔心。成佛与成魔，都在一念间。修行，就是在念头上下功夫，让佛心显现，让魔心灭绝。当怒火如烈焰般翻腾，当欲望如开水般翻滚，明明知道它们不好，偏偏就是控制不了，这就是邪魔在诱惑你。正在犯错的是魔心，知道正在犯错的是佛性。咬紧牙关，立定脚跟，断掉邪念，这正在犯错的魔心，就可以转化成知道犯错的佛性。

---

①邪魔：指欲念。
②真君：指主宰万物的上帝。

毋偏信自任，毋扬己抑人

毋偏信而为奸所欺，毋自任①而为气所使；毋以己之长而形②人之短，毋因己之拙而忌人之能。

今译：

不要误信片面之词，以免被奸诈之徒所欺；不要自以为很正确，而被一时的意气驱使；不要依恃自己的长处，大肆彰显人家的短处；不要由于自己的笨拙，而去嫉妒他人的才能。

点评：

君子不偏听偏信，君子会"兼听则明"，注意聆听多方面的声音，全面地了解情况，更公正地处理事情；君子不自以为是，他不会听到别人恭维自己，就被花言巧语所蒙骗，妄自尊大，洋洋得意；君子不傲慢张扬，他不会拿自己的长处去跟别人的短处比；君子不鸡肠小肚，他不会因为某一方面不如人，就对他生起妒忌之心。

---

①自任：自信、自负、刚愎自用。
②形：对比。

莫以短攻短，莫以顽济顽

人之短处，要曲①为弥缝②。如暴而扬之，是以短攻短；人有顽的，要善为化诲，如忿而嫉之，是以顽济③顽。

今译：

别人有缺点，要婉转地规劝他，如果将这缺点暴露宣扬开来，说明自己狭隘缺德；别人愚蠢固执，要巧妙地诱导启发他，假如只是生气并且厌恶他，无异于用固执对抗固执。

点评：

在劝勉或者责备别人的时候，要考虑到他的心理承受能力，要采取正确恰当的方法，否则会适得其反。批评别人的时候，要顾及他人的尊严和感受，委婉地指出来，不能不分场合地揭露；劝勉别人的时候，要循循善诱，耐心地启发，而不能带着愤怒的情绪去指责。否则，自己也不过是像在战场上逃跑五十步的人嘲笑逃跑一百步的人，比起对方又能好到哪里去呢？

---

①曲：含蓄。

②弥缝：修补、掩饰。

③济：救助。

对阴险者勿推心，遇高傲者勿多口

遇沉沉①不语之士，且莫输心②；见悻悻③自好之人，应须防口。

今译：

遇到表情阴沉一言不发的人，千万不要随便和他交心谈心；遇到傲慢自大愤愤不平的人，和他说话时一定要小心谨慎。

点评：

俗话说："害人之心不可有，防人之心不可无。"为人处世，要善于察言观色，善于识人辨人。遇到那些表情阴沉、沉默不言的人，不要推心置腹。遇到那些夜郎自大、唯我独尊的人，不要轻易开口。中国人的生存智慧是，灾祸从口出，交浅忌言深。为人处世，谨言慎行，平平安安，才能真正地活出自我和个性。

---

①沉沉：阴险冷酷的表情。

②心：推心置腹表真情。

③悻悻：生气时愤恨不平的样子。喻人傲慢，固执己见。

念头昏散知提醒，念头吃紧知放下

念头昏散处，要知提醒；念头吃紧时，要知放下。不然恐去昏昏之病，又来憧憧之扰矣。

今译：

头脑昏沉的时候，要提醒自己保持清醒；心情紧张的时候，要适度调整学会放下。如果不能合理调整自己的精神状态，恐怕刚摆脱了头脑昏沉，却又心神焦虑，难以安宁。

点评：

俗话说："文武之道，一张一弛。"做任何事情，都应该张弛有度。头脑昏沉的时候，提醒自己保持清醒；精神紧张的时候，提醒自己学会放松。古人讲："水满则溢，弦紧易断。"杯中的水满了就会洒出来，弦绷得太紧就容易断掉。现代社会，生活节奏快，工作压力大。在繁忙的工作中，人应该学会适度地休闲。一味地追逐欲望，透支身体，就很难拥有健全的身心。

阴晴圆缺变有则，喜怒哀乐不干怀

霁①日青天，倏变为迅雷震电；疾风怒雨，倏转为朗月晴空。气机②何常一毫凝滞？太虚③何常一毫障塞？人心之体亦当如是。

今译：

晴空万里艳阳高照，会突然变得乌云密布雷电交加；风吼雷鸣大雨倾盆，会突然变得皎月当空太阳高挂。大自然的运行一刻也不会停止。广漠的天空，从来没有丝毫障碍堵塞。人类的心体也当效法自然，不受喜怒哀乐情绪的制约。

点评：

天有晴空万里，也有乌云翻卷；有风和日丽，也有雷电交加。然而不论天空有什么，天空永远是那个天空，没有一丝一毫的影响。人的心也像天空一样，有喜怒哀乐，有阴晴圆缺；有志得意满，有失意坎坷。然而不论处在何种情境，本心永远是那个本心，无挂无碍，通脱自在，湛然清净，淡泊高远。

---

①霁：雨后转晴。

②气机：气，指构成天地万物的本原物质，机，指使气候变化的本原力量。气机喻主宰气候变化的大自然。

③太虚：广漠无际的天空。

识是照魔珠，力是斩魔剑

胜私制欲之功，有曰识不早、力不易者，有曰识得破、忍不过者。盖识是一颗照魔的明珠，力是一把斩魔的慧剑，两不可少也。

今译：

战胜私心克服欲望的功夫，有人说不更早认识到则不容易改变，有人说认识不清则不容易抵制。所以，智慧是一颗能照出欲魔原形的明珠，意志是一把能斩除欲魔的智慧宝剑。要想战胜私心杂念，智慧和意志二者缺一不可。

点评：

人心中的贪、嗔、痴是阻碍修行的最大障碍，是心中的魔障，要从两个方面来着手破除：一是要提高认识，用澄明的智慧来看破幻相；二是要砥砺意志，用坚强的意志来战胜私欲。只有知行合一，认识到位，实践到位，才能真正地"降伏其心"，获得开悟。

觉人诈不形于言,受人侮不动于色

觉人之诈不形①于言,受人之侮不动于色,此中有无穷意味,亦有无穷受用。

今译:

发觉被人欺骗,不要把它说出来;发觉被人侮辱,不要怒形于色。这种能吃亏忍辱的胸襟,在生活中有无穷妙处,无比的受用。

点评:

生活中,当发现自己被欺骗的时候,比起暴跳如雷地指责和报复,不动声色地寻求良机,转被动为主动,显然是一种更高明的处世智慧。当遭人欺辱的时候,不要急于反击,忍受住一时委屈,反而有利于更好地看清形势、把握局面。

---

①形:表露。

横逆困穷,锻炼豪杰

横逆①困穷,是锻炼豪杰的一副炉锤,能受其锻炼则身心交益,不受其锻炼则身心交损。

今译:

飞来横祸和困穷的处境,是锻炼英雄豪杰的炉、锤。只要能够承受住考验,对肉体与精神都会大有好处;如果经受不起考验,肉体和精神就会受到摧毁。

点评:

孟子说:"天将降大任于是人也,必先苦其心志,劳其筋骨,饿其体肤。"时势造英雄,乱世出豪杰。苦难对人生最大的意义,就在于能磨炼一个人的意志。石材从深山中开采出来,需要经过千锤万凿。面对生活的狂风暴雨,不丧失远大的理想和顽强的斗志,经受得住命运的洗礼,就能昂首挺胸顶天立地。

①横逆:不顺心的事。

人身小天地，天地大父母

吾身一小天地也，使喜怒不愆，好恶有则，便是燮理①的功夫；天地一大父母也，使民无怨咨②，物无氛疹③，亦是敦睦的气象。

今译：

人的身体是一个小的世界，不论高兴与愤怒都不逾越规矩，对待所喜好和厌恶的要遵循标准，这是做人的一种和谐调理的功夫。大自然是人类和万物的共同父母，让每个人都没有牢骚怨尤，还要保证事物无灾无害地顺利成长，这也是祥和太平的景象。

点评：

中国的传统文化主张"天人合一"，人心和天地合而为一，人心就是天地心，天地心就是人心。天道的根本，是遵循自然、和谐共生。造物主养育万物，靠的是阴阳和合、万物和谐的力量。如果整天狂风暴雨，就不会有多彩的世界；人也是一样，如果整天愁眉苦脸，喜怒无常，就不会有多彩的人生。

---

① 燮理：调和、调理。
② 怨咨：怨恨、叹息。
③ 氛疹：氛，凶气。疹，恶病。

不可疏于虑，不必伤于察

"害人之心不可有，防人之心不可无。"此戒疏于虑也；"宁受人之欺，毋逆①人之诈。"此警伤于察也。二语并存，精明而浑厚矣。

今译：

"害人的心思不可有，防人的心思不可无。"这是用来警示与人交往时警觉性不高的人。"宁可忍受他人欺骗，也不愿事先拆穿骗局。"这是用来警示与人交往时警觉性过高的人。把这两句话都用好，就修炼成了警觉性高又不失宽厚的待人之道。

点评：

害人的念头不能有，因为害人者必定害自己。但防人的念头不可无，因为世上小人多。一方面，要提高警惕，擦亮眼睛，才能看清小人的侵害，就瞻前顾后，草木皆兵，预想每个人都有害自己的心，这样不但会变得刻薄猜疑，而且会折磨自己的神经。

---

①逆：预先推测。

明辨是非,公私分明

毋因群疑而阻独见,毋任己意而废人言,毋私小惠而伤大体,毋借公论以快私情。

今译:

不要因为众人都持怀疑态度而影响自己的独到见解,也不要一意孤行而不听他人劝勉;不要贪占小便宜而伤害大局利益,也不要借公众的意见来满足自己的私欲。

点评:

一般情况下,大多数人的意见是正确的,但也不能一概而论。如果你深信自己的见解正确无误的话,就不要去管大多数人的怀疑。不要因为大家都怀疑自己,就放弃自己的主张。要有自己独立的判断,才不会轻易地受到外人干扰;与此同时,也要辩证地为人处世,不要因为坚持自己的观点,就听不进任何其他的意见。同时,做人做事要有长远的目光,不可贪图小利而伤害大体,也不要假借公议来满足一己之私。否则表面上是占了便宜,到头来会害了自己。

亲善人不宜预扬,去恶人不宜先发

善人未能急亲,不宜预扬,恐来谗谮之奸;恶人未能轻去,不宜先发,恐招媒蘖①之祸。

今译:

要想结交一个善良的人不必急着跟他亲近,也不必事先宣扬,以避免引起坏人的嫉妒,而在背地里说他的坏话;要想摆脱一个心地险恶的人,不可草率行事轻率地把他打发走,尤其不可以打草惊蛇,以免遭到报复招来灾祸。

点评:

三国时期的名相诸葛亮说:"亲贤臣,远小人。"亲近德才兼备的君子、贤人,远离诡计多端的小人、恶人,是我们应该做到的,这其中要行之有法。如果太急切地去接近君子,宣传得满城风雨,会引来恶人的侧目,招致不怀好意的攻击。如果想摆脱身边的小人、恶人,切不可轻率地打发他,要做好万全的准备。否则得罪了小人,反倒给自己带来麻烦。

---

①媒蘖:借故陷害人而酿成其罪。

节义自漏室来，经纶自严谨来

青天白日的节义①，自暗室屋漏中培来；旋乾转坤的经纶②，自临深履薄③处操出。

今译：

青天白日的人格节操，是从艰苦贫困的环境中磨练出来；治国平天下的雄才大略，是从小心谨慎的经历里磨练出来。

点评：

北宋哲学家张载在《西铭》中说："贫贱忧戚，玉汝于成。"禅宗诗歌说："不经一番寒彻骨，怎得梅花扑鼻香。"一个人的精神品格，是在变幻莫测的环境中磨砺出来的。一个人的功业成就，是在动荡曲折的世事中奋斗出来的。《诗经》说："战战兢兢，如临深渊，如履薄冰。"谨慎处世，是君子的风格。面对世事的艰险，只有谨慎小心，努力进取，才能实现梦想，成就伟业。

---

①节义：名节义行。指人格。

②经纶：经邦治国的韬略。

③《诗经·小雅·小旻》："战战兢兢，如临深渊，如履薄冰。"操：同"缲"。此作整理、领悟解。

伦常本乎天性，不可任德怀恩

父慈子孝，兄友弟恭，纵做到极处，俱是合当如此，着不得一毫感激的念头。如施者任德①，受者怀恩，便是路人，便成市道矣。

今译：

父母对子女慈祥，子女对父母孝顺，兄姐对弟妹呵护，弟妹对兄姐尊敬，即使做得再完美，也都是理所当然的事情，不必有丝毫感恩戴德的成分。如果施与的一方有施恩的心理，接受的一方有图报的想法，亲人就变成路上的陌生人，骨肉之间的至情就成了市井交易物。

点评：

家庭是一个亲情友爱的道场，而不是做市井交易的地方，然而很多家庭都走入了误区。父母往往要求子女按照他们的安排去做，不考虑子女是否能接受；子女则是把对父母的养育之恩，用金钱回报来替代。父慈子孝、兄友弟恭，都是出于人类的天性，彼此之间不可以存有一点感激的想法。假如家庭成员间，产生了感恩报答的心理，就等于把骨肉亲情变成一种市井交易物。

---

①任德：以施惠于人而自任，受人感激。

不夸妍者不能丑,不好洁者不能污

有妍必有丑为之对,我不夸妍,谁能丑我①?有洁必有污为之仇,我不好洁,谁能污我?

今译:

有美好的就有丑陋的来做对比,假如我不吹嘘说自己美好,又有谁诽谤我丑陋?有洁净的就有肮脏的来做对比,假如我不宣扬自己干净,又有谁会讥讽我肮脏?

点评:

道家强调辩证思维,认为"有无相生,难易相成",一切矛盾都是相对应而存在的。所以,没有美就没有了丑;没有洁净,就没有了污秽。佛家更进一步指出万物之所以有差别,其根源出自人心的分别。所以禅宗六祖慧能大师说:"不是风动,不是幡动,仁者心动。"生活中,我们的言行总会招致种种评头论足,有认可也有反对,有夸赞也有诋毁。这时候就需要有佛道的智慧,既不被赞美声冲昏头脑,也不因被诋毁而垂头丧气。在生活的风浪中,不以分别心而执着于外境的变化,要坚定自己的方向,才能扬帆远航。

---

①丑我:使我丑陋。

富贵多炎凉,骨肉莫妒忌

炎凉之态,富贵更甚于贫贱;妒忌之心,骨肉尤狠于外人。此处若不当以冷肠,御以平气,鲜不日坐烦恼障①中矣。

今译:

人情冷暖,富人比穷人更鲜明;嫉妒猜疑,骨肉比外人更狠。在这里如果不用冷静态度,来控制好情绪使它平静,就很少有人不整天被烦恼所困扰。

点评:

唐代诗人白居易诗曰:"可怜红颜总薄命,最是无情帝王家。"富贵人家的人情冷暖比贫苦人家显著得多。历代的宫廷斗争无不如此,为了争权夺利,不惜骨肉相残。但平常的人家,也有不好的地方,就是骨肉至亲之间的嫉恨和猜忌,有时更甚于富贵之家,兄弟之间、亲戚之间互相攀比引起的种种丑态,简直是让人作呕。当你经历这些人间炎凉百态的时候,如果不能冷静、理智地去对待,不会自我调整、化解,就会陷在烦恼堆里,天天难过忧愁满怀。

---

①烦障:佛家语。贪、嗔、痴等都能扰乱人的情绪而生烦恼,都是涅槃之障,故名烦恼障。

功过不可少混，恩仇不可过明

功过不容少混，混则人怀隋隳之心①；恩仇不可太明，明则人起携贰之志。

今译：

对于他人的功劳和过失，不可以有一点模糊不清的态度。如果模糊不清，会使人心灰意懒而怠工；对恩惠德泽和责难批评，不可以表现得过于鲜明。如果过于鲜明，会使人怀有二心而叛逆。

点评：

对一个人的功过得失，如果理不清楚，便容易混淆是非，令人心生怨疑。比如领导对待下属，务必理清功过，奖罚得当，才能极大地激发下属的积极性。一个人的爱恨心，不可以表现得过于鲜明。爱憎分明的人，固然少了许多圆滑世故，但也容易树敌，不利于团结一切可以团结的力量。比如领导任用人才，不可有偏爱之情，否则便有失公允，也不利于团结员工。

---

①隋隳之心：疏懒堕落，灰心丧气。

位太盛则危,德太高则毁

爵位不宜太盛,太盛则危;能事不宜尽毕,尽毕则衰;行谊①不宜过高,过高则谤兴而毁来②。

今译:

官衔俸禄不可以过于显赫,过于显赫就会使自己处于危险状态;才能本事不可以全部发挥,全部发挥就会江郎才尽而事业枯萎。一个人对自己的品德行为不可以孤芳自赏,孤芳自赏就会招致恶意的诽谤中伤。

点评:

功成身退,天之道。爵位不可太高,一旦功高震主,就会身处危险境地;才能不可尽显,否则发挥殆尽则后继无力,事业将难以为继;行事不可太过高调张扬,太张扬就是"树大招风"。一味标榜自我,孤芳自赏,只会引来他人的批评,甚至是恶意的攻击。

---

①行谊:合乎道德的品行。
②韩愈《原毁》:"事修而谤兴,德高而毁来。"

阴恶祸深,阳善功浅

恶忌阴,善忌阳,故恶之显者祸浅,而隐者祸深;善之显者功小,而隐者功大。

今译:

做坏事最怕遮捂掩盖,做好事最忌到处宣扬。所以显而易见的坏事造成的灾祸还算小,不为人知的坏事造成的灾祸大;做好事自己到处宣扬功德就小,不为人知默默行善功德才会大。

点评:

一个做恶事的人,如果做在明处还只算是小恶人,做了恶却有意隐瞒就成了大恶人,对大恶之人要严加防范。因为小恶人作恶容易发现,容易应对,大恶人作恶不易察觉,难以应付。一个行善积德的人,做了一点好事就四处宣扬,行善的功德就会大打折扣,让人怀疑其做善事的动机。默默地做些善事,心中不夹杂名利,会更加令人敬佩和欢喜。

德者才之主，才者德之奴

德者才之主，才者德之奴。有才无德，如家无主而奴用事矣，几何不魍魉猖狂。

今译：

品德是才学的主人，才学是品德的奴隶。只有才学而无品德，等于家里没有主人，而由奴仆来掌家政。出现了这样的情况，哪有不使家庭遭祸，妖魔鬼怪横行的呢？

点评：

北宋政治家司马光说："德胜才谓之君子，才胜德谓之小人。"在中国传统文化中，道德始终是人生的最高规范。在道德和才华相比时，从短期看，才华横溢的人可以很快胜出；而从长远来看，真正决定一个人成就高低的却是德行。古人说："德高望重。"拥有才华且具备美好品德的人，才能真正地赢得民心。

放人一条生路,以免狗急跳墙

锄奸杜倖,要放他一条去路。若使之一无所容,譬如塞鼠穴者,一切去路都塞尽,则一切好物俱咬破矣。

今译:

铲除奸邪险恶的小人,或是杜绝投机取巧的小人,也应掌握好分寸,给他们留一条自新的路径。如果逼得他走上了绝路,就等于为了消灭一只老鼠,而把所有的老鼠洞都堵死,以致好东西全被老鼠咬坏。

点评:

俗话说:"人急拼命,狗急跳墙。"人一旦被逼得走投无路时,就会做出极端的行为。对于作恶的人,要给他机会改过自新。一味地赶尽杀绝,只会激起疯狂的反扑,导致两败俱伤,得不偿失。

与人不可同功,与人不可共乐

当与人同过,不当与人同功,同功则相忌;可与人共患难,不可与人共安乐,共安乐则相仇。

今译:

应当与人一起承担过失,不可与人一起领受功劳,共担过失就会同舟共济,共领功劳就会彼此猜疑;可以与人一起经历患难,不可与人一起分享安乐。共历患难就会互相帮助,共享安乐就会互相仇视。

点评:

人心叵测,欲壑难填。患难的时候,人与人之间容易团结,一起经受风雨,渡过难关。等到论功行赏的时候,人们便相互争夺,乃至于猜疑嫉妒,反目成仇。古人讲:"飞鸟尽,良弓藏;狡兔死,走狗烹;敌国灭,谋臣之。"历史上,那些历经千辛万苦帮助君主打天下的功臣,大多受到猜忌,很难有个好下场。有智慧的君子,应该充分认识到这些人性的弱点,将个人的得失看得淡一些。不汲汲于富贵名利,才会在风云变幻的世事人情中,为自己留有余地。

能用言语救人，也是功德无量

士君子贫不能济物者，遇人痴迷处，出一言提醒之；遇人急难处，出一言解救之，亦是无量功德。

今译：

士君子即使由于贫穷在物质上不能周济别人，也可以在遇到别人执迷不悟时，说句话让他清醒过来；遇到别人危急麻烦时，说句话帮他摆脱困境，这也是恪守本分、急人危难、功德无量的好事情。

点评：

生活中，有学问的知识分子，遇到别人身处困境的时候，即使不能提供物质上的帮助，但说一句善意的好话，也是积德行善。比如看到别人受委屈时说句公道的话，看到别人身处危境时给予善意的提醒，在别人灰心丧气时多多地鼓励。对别人的帮助不一定要用金钱来衡量。纵然物质上不富有，但可以给予他人精神食粮，积累美好的品德。

饥附饱飏,人情通患

饥则附,饱则飏①;燠②则趋,寒则弃。人情通患也。

今译:

饥饿潦倒时就去投靠人家,富裕饱足了就远走高飞;看到富贵人家就去巴结,当人家衰败贫穷时就掉头而去,这是一般人都会有的通病。

点评:

人情冷暖,世态炎凉。人在饥寒交迫的时候,谁能给碗饭吃就投奔谁,富裕饱足时,就会远走高飞。古人说:"贫居闹市无人问,富在深山有远亲。"当你贫穷的时候,即使住在闹市中也没有人愿意搭理你;当你富贵的时候,即使住在深山,来访的人却总是络绎不绝。趋炎附势,是人性的通病和弱点。以一颗平常心来坦然面对,人情冷暖、世态炎凉就不会困扰到你。

---

①飏:飞翔。《三国志·魏书·吕布传》:"譬如养鹰,饥则为用,饱则扬去。"《晋书·慕容垂载记》:"垂犹鹰也,饥则附人,饱则高翔。"

②燠:温暖。此指富贵。

要净拭冷眼,毋轻动刚肠

君子宜当净拭冷眼,慎毋轻动刚肠。

今译:

君子不论遇到什么情况都要保持冷静细心观察,切忌不要轻易表现出性格强硬、刚直的一面,以免功败垂成。

点评:

隐忍和宽容是一种高明的处世艺术。冲动能酿成大祸,忍让能化解恩怨。一个智慧的人,不管面对什么情境,都会冷静地看清形势,而不会因一时冲动,意气用事,惹来不必要的麻烦。君子既要饱含一腔热血,也要冷静处世接物。用从容沉着的态度,笑对世事的复杂。

厚德者弘其量，弘量者大其识

德随量进，量由识长。故欲厚其德，不可不弘其量；欲弘其量，不可不大其识。

今译：

人的品德随着气量的增长而提高，人的气量由于见识的丰富而更加宽宏。要想使自己品德更完美，就要使气量更宽宏；要使气量更宽宏，就要使见识更丰富。

点评：

一个人如果要使自己品德深厚，就要让自己气度宽宏，这就是"宰相肚里能撑船"。而气度宽宏与否又与一个人的阅历密切相关。要想让自己的气度宽宏，就要丰富生活阅历。生活阅历越丰富的人，越能够换位思考、体谅他人。

耳目口鼻皆桎梏，情欲嗜好悉机械

一灯莹然，万籁无声，此吾人初入宴寂时也；晓梦初醒，群动未起，此吾人初出混沌处也。乘此而一念回光，炯然返照，始知耳目口鼻皆桎梏，而情欲嗜好悉机械矣。

今译：

夜下的灯光微弱地亮起，万物静寂中人们开始入睡。清晨时分万物还没有动静，这时的我刚从梦中醒来。利用这一会儿安静的时刻，静一静心念，理一理思绪。在一片清净澄明的心境中发现，原来眼耳鼻舌都是束缚心智的枷锁，情欲爱好尽是诱人迷失的工具。

点评：

夜晚天色转暗，万籁俱寂，安然入眠，心也恢复了平静。到了清晨，天色发亮，沉睡的欲念也开始苏醒。这时候，要好好整顿内心：纷纷扰扰的欲念，是否就是心的本来面目？耳目之娱的快乐，是否就是真正的快乐？一个人只有破除情欲的蒙蔽，摆脱肤浅的感官之乐，才能真正升华到更高的智慧境界，走向生命的圆满。

反己触事皆药石，尤人动念即戈矛

反己者，触事皆成药石；尤人者，动念即是戈矛。一以辟众善之路，一以浚①诸恶之源，相去霄壤矣。

今译：

能够自我反省的人，不论接触的是什么，都会变成使自己警惕的良药；对别人挑剔埋怨的人，只要念头一动，就是杀气腾腾。可见反省是通往善行的途径，挑剔埋怨是导致罪恶的源泉。这两者的差别，真是一个在天上一个在地下。

点评：

古人常说："静坐常思己过，闲谈莫论人非。"儒家讲究内省的功夫，认为做人做事，都应该反求诸己，切勿怨天尤人。做事情遇到困难时，要首先从自己身上找原因，而不是推脱责任、埋怨他人。孔子说："见贤思齐，见不贤而内自省也。"见到比自己优秀的人，要向人学习；见到那些不好的人，则要引以为戒。如此，则任何事情都能够成为促使自己进步的台阶。相反，一遇到困难就迁怒于别人，只知道怨天尤人，那么在一片抱怨声中，人也就走向了堕落的边缘。

---

①浚：开辟疏通。

精神万古如新,气节千载长存

事业文章随身销毁,而精神万古如新;功名富贵逐世转移,而气节千载一日①。君子信不当以彼②易此③也。

今译:

事业文章会随着个人的死亡而消失,唯有崇高伟岸的精神才会万古长存;功名富贵会随着时代的变迁而泯灭,唯有正直峻拔的气节才会永驻人间。君子绝对不会因为看重事业文章、功名富贵,而放弃了对精神、气节的追求。

点评:

一个人的事业文章有可能被历史的长河淘洗得干干净净,但他们的精神思想,却穿越时空,万古长存。一个人生前的富贵名利很快会烟消云散,曾经拥有的大富大贵也会很快湮没无闻,但那些曾感动世人的精神气节,却会代代传诵,历久弥新。君子应当锤炼自己的精神气节,而不是牺牲它们,来换取那些过眼浮云。

---

①千载一日:千年有如一日。喻永恒不变。

②彼:指事业文章和功名富贵。

③此:指精神和气节。

机里藏机，变外生变

鱼网①之设，鸿则罹其中；螳螂之贪，雀又乘其后②。机里藏机，变外生变，智巧何足恃哉。

今译：

设置渔网本是为了捕鱼，不料鸿雁竟一头栽到了网中；螳螂一心贪吃眼前的蝉，不料身后还有一只黄雀。玄机中藏着更深的玄机，变幻中又会发生另外的变幻。人的智慧计谋，又有什么可倚仗的呢？

点评：

谚语说："鹬蚌相争，渔翁得利""螳螂捕蝉，黄雀在后。"鹬鸟啄着蚌肉不放，蚌合上了壳紧紧夹住鹬鸟的嘴，渔翁路过，将两个一起装进了鱼筐。螳螂一心想着要捕食眼前的蝉，哪想到黄雀在身后正紧紧地盯着自己。世事都是如此，暗藏险恶的玄机。生活中，人们经常是"机关算尽太聪明"，结果却是"反误了卿卿性命"。可见算计他人的小伎俩，实在是不值得依恃。如果一个人总想着欺骗他人，损人利己，满足一己的私利，其结果反而是自取灭亡，被人唾弃。

①出自《诗经·邶风·新台》。

②螳螂之贪，雀又乘其后：螳螂欲捕蝉而食之，不知道黄雀在自己的身后要吃自己。喻只见到眼前的利益而忽略了背后的灾祸。

做人贵真,涉世尚圆

做人无点真恳念头,便成个花子,事事皆虚;涉世无假圆活机趣,便是个木人,处处有碍。

今译:

做人如果没有一点真心实意就成了花架子,做什么都不着边际;处世如果没有圆通灵活的情趣就成了木头人,处处都受到阻碍。

点评:

做人贵在诚实。《论语》说:"民无信不立。"人与人的交往,应该以诚相待。那些诡计多端的小人,纵然能骗得了一时,但骗不了一世。处世贵在圆融。做事情应该用温和而又圆融的方式,保持弹性。一味死守教条,就会像个木头人,显得呆板又愚蠢。老实、聪明,是做人必备的两种品性,二者缺一,都会造成不良的结果。

水不波则自定,心不混则自清

水不波则自定,鉴不翳则自明。故心无可清,去其混之者而清自现;乐不必寻,去其苦之者而乐自存。

今译:

水面没有波浪自然会平静,镜面没有尘土自然会明亮。人类的心灵无须刻意清洗,只要将心灵中的邪念除去,平静明亮的心态自会呈现;生活的乐趣无须刻意追寻,只要将心中的烦恼排除,快乐幸福的生活自会来临。

点评:

佛家讲"明心见性",禅语说"心清水现月,意定天无云"。心灵的湖面没有欲风的吹拂,智慧的明月就会朗然映现。心灵的镜子没有灰尘的蒙蔽,人性的光明就会熠熠生辉。人生在世,固然要有欲望和激情,也要有智慧和理性。如果只是一味地放纵欲望,满足一己的私利,就好比心湖起浪,心镜蒙尘,原本幸福快乐的生活,就只剩下无穷的纠结痛苦和怅恨。

一念，一言，一事之戒

有一念而犯鬼神之禁，一言而伤天地之和，一事而酿子孙之祸者，最宜切戒①。

今译：

有一种邪恶的念头会触犯鬼神的禁忌，有一句恶毒的话语会破坏人间的和气，有一件惹祸的事情会导致子孙的灾难，所有这些都必须特别小心绝不能去做。

点评：

红尘是修行的道场。生活中，每一个念头，每一句话，每一件事，都是砥砺品性、修身立德的下手处。记录唐代僧人、禅宗六祖慧能言教的著作《坛经》说："悟人自净其心。"真正觉悟的人，必然要在自己的心念上用功，自觉地摒除邪思恶念，克制贪、嗔、痴等人性弱点。那些伤天害理的邪恶勾当，一定要自觉地远离和抵制。

---

①切戒：深深地引以为戒。

急之不白宽自明，操之不从纵自化

事有急之不白者，宽之或自明，毋躁急以速其忿；人有操之不从者，纵之或自化，毋操切以益其顽。

今译：

事情在短时间内难以弄明白的话，不妨先缓一缓，自然就会澄清；不要太急着辩解，否则会火上浇油。有的人你愈指导他就愈不听，不妨先让他按照他的性子做，他慢慢就能受到感染；不要急着强迫他遵从你，否则反会使他更加冥顽不化。

点评：

孔子及其弟子的语录结集《论语》说："欲速则不达。"（做事情操之过急，就很难达成目标。）当面对有些问题与人僵持不下时，不妨暂时缓一缓、放一放，退一步就会海阔天空，柳暗花明。一味地纠缠在问题当中，反而不利于问题的解决。教育别人也是一样，遇到那些顽固不化、说理不通的人时，不妨先顺着对方的意思来，随着事情进展，再不失时机地给予点拨，就会扭转局势。如果好为人师，强加指导，结果反而会不尽如人意。

节义文章纵奇绝，亦须道德来统率

节义傲青云①，文章高《白雪》②，若不以德性陶镕之，终为血气之私③，技能之末。

今译：

气节高尚足以傲视高官厚禄，文章华美足可胜过阳春白雪。然而如果不能用纯正的道德，来陶冶才情和统率气节的话，气节不过是一时的感情冲动，文章无非是琐屑的雕虫小技。

点评：

陶土经过烧炼才能成为器皿，铁砂经过熔炼才能成为纯钢。一个人纵然才高八斗、文章盖世，如果没有道德品性做基础，没有为大众利益献身、为社会公益服务的主旨，而只限于一己之私、一隅之见，咏诵风雅可以，却于世无益，那么这种清高和学问就变成微不足道的孤高傲世和雕虫小技，不过是纸剪的花，了无生机。这是不足取的。

---

①青云：喻身居高位的达官贵人。

②白雪：古曲名。喻稀有的杰作。

③血气之私：指个人意气。

功成身退，与人无争

谢世当谢于正盛之时，居身宜居于独后①之地。

今译：

在名声鼎盛时急流勇退，这样受用才最大；好处尽量让别人先拿，这样的境界才最高。

点评：

烟花绚烂美丽，却在最灿烂的时候谢幕，成就了"瞬间即是永恒"的佳话。人生也是如此。一个人功成名就时，要懂得急流勇退的道理。不要等到日薄西山的时候，才想起要抽身远离。做事的时候，要有无私奉献的精神，如北宋名相范仲淹（989—1052）所说："先天下之忧而忧，后天下之乐而乐。"（在天下人忧愁之前先忧愁，在天下人快乐之后才快乐。）要多一份责任和担当，而不是争先恐后地攫取私利。

---

①独后：不与人争而居后。

谨于至微,施于不报

谨德须谨于至微之事,施恩务施于不报之人。

今译:

恪守道德,要在细微处下功夫;施人恩惠,要给那些无力回报的人。

点评:

提升品德修养,就好比存储金钱,要一点一滴地做起。即使在最细微的地方,也要严格要求自己,这样才能养成良好的习惯。哪怕一个笑容,有时候也可以点亮他人的心烛,照耀其人生之路。帮助别人时,一定要帮助那些真正需要帮助的人,即使对方无力回报,也在所不辞。否则,这种帮助就成了表演,只是为了炫耀自己;或者变成交易,贪求回报,只是为了谋取私利。

浮华不如淳朴,浇薄不及高古

交市人不如友山翁[1];谒朱门[2]不如亲白屋[3];听街谈巷语,不如闻樵歌牧咏;谈今人失德过举,不如述古人嘉言懿行。

今译:

与其和市井的人交朋友,不如和乡野的人交朋友;与其巴结豪门富户,不如亲近平民百姓;与其谈论街头巷尾的是非,不如听樵夫民谣和牧童山歌;与其批评当代人的错误过失,不如多传述古人的美好言行。

点评:

交什么样的朋友才对人生有益?唯有以道义相交、性情相交、肝胆相交、真诚相交,才会深切长久,才不致被富贵、贫贱、患难、利害所分离。一个人如果结交些市井小人,所听到的大多是投机逐利的俗事,就容易沾染庸俗之气,倒不如结交一些淡泊清雅、和权势无关、道和义相投的朋友。如果整天奔走于富贵权势之家的门第,看起来似乎是个有能力的人,所听到的大多是功名利禄的权势之争,却很容易使人心生迷惑,不如结交一些平民百姓,看见最为真实的生活形态,不做作,不虚伪,人也会变得真诚。

[1]山翁:隐居山林的老者。

[2]朱门:红色大门。喻富贵之家。

[3]白屋:平民百姓家的房屋,喻平民、寒士。

德为业基

德者事业之基,未有基不固而栋宇坚久者。

今译:

美好的品德是事业的根基,根基不稳则身心不安。就好比修盖房屋,地基不坚实,房屋便很难牢固。

点评:

一个人能力再强,如果没有美好的品性,也很难走得长远。历史上那些大奸大恶之人,哪一个不是有一身的本领、才能?但他们纵然风光一时,最终却落得家败人亡、遗臭万年。所以,美好的品德是立身的根本。一个人的事业,必须要有道德做根基,才能够长长久久,兴旺发达。

心者后裔之根

心者后裔之根,未有根不植,而枝叶荣茂者。

今译:

善良的心性,是后代昌盛的根本,就好比根深才能叶茂。

点评:

《易经》说:"积善之家,必有余庆;积不善之家,必有余殃。"(修善积德的个人和家庭,必然有更多的吉庆,作恶坏德的,必有更多的祸殃。)一个人的善心,一定会带来好运。行善积德的人家,品性善良,热心助人,树立起良好的家风,就会被邻里朋友的亲近,为子孙后代带来美好的福荫。而那些心术不正作恶多端的人,必将招致灭亡的祸患,子孙后代也会跟着遭殃。

抛却自家无尽藏，沿门持钵效贫儿

前人云："抛却自家无尽藏，沿门持钵效贫儿。"又云："暴富贫儿休说梦，谁家灶里火无烟？"一箴自昧所有，一箴自夸所有，可为学问切戒。

今译：

前人说："抛弃自己家里无穷无尽的财富，却拿着个破碗挨家挨户去讨饭吃。"又说道："暴富的人啊不要炫耀你的财富，其实哪户人家的炉灶里没有冒烟呢？"上面这两句富有禅学韵味的格言，一句忠告不知自己本来富有的人，一句忠告只知夸耀自己富有的人，都是治学为人者必须彻底戒除的事。

点评：

佛家说，人人皆可以成佛。众生平等，每个人都有成佛的觉悟性，这个觉悟性，就是我们的本心本性。这个本心本性，是无穷无尽的宝藏。可我们偏偏不知道它的珍贵，而非要像个乞丐那样，捧着个破碗沿街乞讨。本来富有的人，为什么把自己变成叫花子？这就是不守本心、向外驰逐的结果。在对外部世界浮华的追逐过程中，回过头来，凝视本心，就会活出不一样的人生。但假如你是一个举足轻重的人物，千万不能傲慢自夸，做人要懂得谦虚低调的道理。

随人接引，随事警惕

道是一件公众物事，当随人而接引[①]；学是一个寻常家饭，当随事而警惕。

今译：

大道是公众的东西，要随着人根性的不同而恰当地引导；做学问就像吃家常便饭，应当在每一件事上保持着清醒警觉。

点评：

天下大道，殊途同归。在具体的生活中，每一个人的阅历不同、根性不同，对大道的理解就不同，践行方式就不一样，走的路也不一样。因此传道授业要充分考虑到每个人的特殊情况，因人而异，因材施教。学问也一样，在每一件事上都要保持清醒警觉，切不可一叶障目，以偏概全。只有这样，无论是传道，还是做学问，最终都能得到益处。

[①]接引：本指引渡众生。此指引导。

信人者己独诚，疑人者己先诈

信人者，人未必尽诚，己则独诚矣；疑人者，人未必皆诈，己则先诈矣。

今译：

信任别人，虽然别人未必很诚实，但自己已先做到了诚实；怀疑别人，虽然别人未必很狡诈，但自己却已成了狡诈的人。

点评：

君子光明磊落，为人坦诚，不会去无端地猜忌别人。即便遭到了他人的算计，也应不失风度，依然真诚。小人则相反，以小人之心度君子之腹，以为别人都和他一样，充满着奸诈机巧之心，因此总是殚精竭虑地算计别人。在这个世界上，信人者是稀缺的、珍贵的。人性中最美的部分，终将会扶持一个人卓然于尘世之上。

善念化育万物，恶念摧残万物

念头宽厚的，如春风煦育万物，遭之而生；念头忌刻的，如朔雪阴凝万物，遭之而死。

今译：

内心宽厚的人，就像春天的和风吹拂万物，万物焕发出勃勃生机；内心歹毒的人，就像严冬的冰雪摧残万物，万物被摧残而凋零枯死。

点评：

面对同一件事情，身处同一个环境，不同心境往往会产生不同的心理反应，而这种心理反应又会影响到我们的行为。心地善良、品性宽厚的人，为人处世温柔敦厚，平易近人。因此，他的人缘也很好，大家都愿意和他成为朋友。他们就像是温暖的春风化育万物，给人欢喜、给人感动。而那些刻薄寡恩的人，凡事斤斤计较，眼里只有自己没有别人，跟他们打交道，就好像是冷风怒号、雨雪纷飞，令人胆战心惊，备受摧残。人如果懂得了这句话，一辈子就会多福少灾，人生道路也会越走越宽。

为善暗长，为恶潜消

为善不见其益，如草里冬瓜，自应暗长；为恶不见其损，如庭前春雪，当必潜消。

今译：

连续不断地做好事，表面上看不出有什么好处，但益处就像草丛里的冬瓜，在不知不觉中一天天长大；连续不断地做坏事，表面上看不出有什么损害，但损害就像庭院里的积雪，在不知不觉中一天天消解。

点评：

有句成语说："善为福本。"（善良的心性是幸福生活的根本。）万丈高楼平地起，做任何事情都需要一点一滴地积累。行善积德也是一样。不要因为是小小的恶事就放纵自己去做，日积月累会酿成大错；也不要因为是小小的善事就不屑一顾，那些成就大业的人哪个不是从点滴的小事做起的？

遇故旧，处隐微，待衰朽

遇故旧之交，意气要愈新；处隐微①之事，心迹宜愈显；待衰朽之人，恩礼当愈隆。

今译：

遇到多年不见的老朋友，情意气氛要特别真诚热烈；处理隐秘敏感的事情时，态度居心要特别光明磊落；对待年龄大体力衰的老人时，举止礼数要特别殷勤周到。

点评：

酒越陈，味越香。朋友越交往，情感越深长。老友来访，要热情欢迎，真诚相待。对待行动不便的老年人，更要有同理心，态度恭敬。今天对别人真心相助，说不定哪一天自己也会陷入困境，需要求助于别人。做人贵在真诚，尊重他人就是在尊重自己，也可以为自己营造一个更为宽松的人际环境。

---

①隐微：隐私的小事。

君子以勤俭立德，小人以勤俭谋利

勤者敏于德义，而世人借勤以济其贪；俭者淡于货利，而世人假俭以饰其吝。君子持身之符①，反为小人营私之具矣，惜哉！

今译：

勤劳的人本应加强品德和道义修养，但世人却假借勤劳来满足贪欲；俭朴的人应淡泊地对待财物和金钱，世人却用俭朴来掩饰自己的吝啬。勤奋、俭朴本来是君子用来立身处世的法宝，却反倒成了市井小人谋求私利的工具。太可惜了啊！

点评：

勤劳和俭朴这两种美德，君子和小人却有不同的目的：君子用勤劳来修身，小人用勤劳来逐利。君子生性简朴，甘于淡泊；小人佯装简朴，来掩饰吝啬。君子守身的法则，往往成为小人图利的工具。比如核能，用于和平之途，可以发电发热为人类谋福；用作杀人的武器，将给人类造成莫大的悲剧。可见，运用者决定了运用后的客观效果。所以，人生在世，一定要擦亮眼睛，看清哪些是君子，哪些是小人。

---

①符：护身符。此指法则。

莫凭意兴作为,不从情识解悟

凭意兴作为者,随作则随止,岂是不退之轮①;从情识解悟者,有悟则有迷,终非常明之灯②。

今译:

凭着一时感情冲动做事的人,热情一退事情也跟着停顿下来,这岂是永不停歇地进取的态度?用情感意识来领悟真理的人,即便领悟也会重陷迷惑,终究不是永远明亮的觉悟之灯。

点评:

佛教将智慧比喻为"常明之灯",它绝非通过变化不定的七情六欲而获得。佛教的智慧为"不退之轮"。一代又一代的弘法者传播真理,靠的绝不是一时兴趣,而是坚定的信仰和恒久的毅力。所以,人的一生要想有所成就,就必须认清正确的方向,理智地把握自己的感情和情绪,分清当作与不当作,坚持不懈,百折不回。

---

①不退之轮:轮指法轮。佛家认为,佛法能摧毁众生的罪恶,所以佛法就像法宝,能碾碎山岳岩石和一切邪魔恶鬼。并且这个法轮并不停在一处,而是像车轮般到处辗转,所以称为不退之轮。

②常明之灯:佛家指本智的光明。

人过误宜恕,己困辱宜忍

人之过误宜恕,而在己则不可恕;己之困辱当忍,而在人则不可忍。

今译:

对别人的过失和错误应该宽恕,对自己的错误则不能宽恕;对自己的困顿屈辱应该忍受,看到别人困顿屈辱时就要出手相助。

点评:

中国自古以来,就主张君子之道,"宽以待人,严于律己"。一个有修养的君子,对自己要严格要求,这样才能获得长足的进步;对待别人宽容敦厚,这样才能结下很好的善缘。自己的苦难,坚强地面对,心灵就会不断地强大;看到别人身处困境,伸出援助之手,爱心就会不断地丰盈。

脱俗便是奇，不合污即清

能脱俗便是奇，作意尚奇者，不为奇而为异；不合污便是清，绝俗求清者，不为清而为激。

今译：

能够超凡脱俗便是奇人，刻意标新立异不是奇人而是怪异；不同流合污就算清高，远离尘世标榜清高的人，不是清高而是偏执。

点评：

一个人能够脱离世俗的套路，自然就拥有了独特的人格和风骨，而受到世人的景仰。那些刻意标新立异的人，用种种怪异的行为和着装来表现自己，就显得矫揉造作，甚至是丑态百出。社会上，为了寻求焦点而标新立异、甚至惊世骇俗的大有人在，完全不管社会、民众对他们的看法。脱俗不离俗，用平常的心，做平常的事，只要能够长年做，坚持不懈，那本身就是一件非同寻常的事！

恩宜自淡而浓，威宜自严而宽

恩宜自淡而浓。先浓后淡者，人忘其惠；威宜自严而宽。先宽后严者，人怨其酷。

今译：

给人的恩惠要从淡薄逐渐变得丰厚，开始丰厚而后来淡薄，别人就会怨恨你而忘了恩惠；对人施威要从严厉逐渐变得宽容，开始宽容后来严厉，别人就会埋怨你冷酷无情。

点评：

先吃美味佳肴，后吃粗茶淡饭，就难以下咽；反之就觉得这餐饭吃得很香甜。从事管理工作以及人际交往的人也应知道这样的道理。常说"恩威并用"或"宽严兼施"，其实最理想的待人方法就是"先严而后宽""先淡而后浓"。所以，施人恩惠应该先少后多，以免对方习惯了接受，就会生起过高的期待；树立威望的时候，应该先严后宽，之后慢慢变得有弹性。

心虚则性现,意净则心清

心虚①则性现,不息心而求见性,如拨波觅月;意净则心清,不了意而求明心,如索鉴增尘。

今译:

心境空明时,纯真善良的本性就会显现。不使心神宁静而想见到本性,就像是拨开水波而捕捉水中的月亮;意念清纯没有杂质,内心才能清净不染。不根除俗念而想明心见性,就像在落满灰尘的镜前,想照出自己的面容。

点评:

一个人心湖澄明,智慧的明月就会映现其中。一个人意念干净,就好像朗朗晴空万里无云。唐代高僧神秀大师(606—706)说:"身是菩提树,心如明镜台;时时勤拂拭,勿使惹尘埃。"禅宗主张"明心见性",将人的心灵比作一面镜子,只有降服种种杂念,保持意念的清净,才能在深度的宁静之中,体悟宇宙生命的奇妙。如果不从心这个根源下手,再怎么修行,也是白费功夫。

---

①心虚:心中没有杂念。

我贵人奉不足喜，我贱人侮不足怒

我贵而人奉之，奉此峨冠大带也；我贱而人侮之，侮此布衣草履也。然则原非奉我，我胡为喜？原非侮我，我胡为怒？

今译：

我有权有势人们就奉承我，这是在奉承我的官位和乌纱帽；我贫穷低贱人们就轻视我，这是轻视我的布衣和草鞋。可见我富贵时人们不是在奉承我，我为什么要因此而高兴呢？同样我贫贱时人们也不是在轻视我，我为什么要因此而生气呢？

点评：

对于人世间的炎凉冷暖，的确要有些超然的态度。当你飞黄腾达时，人们敬重的是你拥有的财富和地位，而不一定是敬重你本人，所以受到奉承不要得意忘形。同样，当你穷困潦倒时，别人漠视你、侮辱你，是因为你没有了权势和地位，而不一定是轻贱、侮辱你这个人。人都是光身空手进入尘世的，若能悟出这个道理，就能保持平常心，纵然失意，照样从容和淡定。

为鼠常留饭,怜蛾不点灯

"为鼠常留饭,怜蛾不点灯",古人此等念头,是吾人一点生生之机①。无此,便所谓土木形骸②而已。

今译:

"为了不让老鼠饿死,就经常留出些剩饭;为了不让飞蛾被烧死,晚上就不去点灯。"古人这种大慈大悲的心肠,就是善念能繁衍不息的生机。没有这心肠,人就仅仅剩下了躯壳,成了木偶泥塑而已。

点评:

中国佛教提倡慈悲为怀、自度度他。每一个善念,都好比是星星点点的小火苗,积少成多,便会形成强大的力量。因此,人一定要培植善德,广种福田。行善积德的时候,不仅仅关注自身,也要关注自然界中弱小的生命。要爱护动物,为它们也留一些生存的空间。善待动物,也是在善待人类自身。

①生生之机:使万物增长的意念。生生,繁衍不息。机,契机。

②土木形骸:土木指只有躯壳而没有灵魂的泥土和树木,形骸指人的身体。

心体便是天体,只要随起随灭

心体①便是天体②,一念之喜,景星③庆云④;一念之怒,震雷暴雨;一念之慈,和风甘露⑤;一念之严,烈日秋霜。何者少得?只要随起随灭,廓然⑥无碍,便与太虚同体。

今译:

人的心体就是天地的心体:人一念间的喜气,就如同天上的祥星瑞云;人一念间的怒气,就如同天上的雷电风雨;人一念间的慈悲柔软,就如同天的和风甘露;人一念间的冷酷之气,就如同天的烈日秋霜。天的喜怒严慈,没有一种可以缺少。让这些变化随起随灭,不去执着,就毫无阻碍。人的修养能达到如此境界,就可以与天同心同体。

点评:

人的精神世界极其丰富,种种念头瞬息万变。人有喜怒哀乐,就好像大自然有风霜雨露阴晴晦明。道家主张"道法自然",认为修行的最高境界,就是与天合一。尽管天空中有阴晴不定的种种现象,但天空的本体却并没有受到任何影响,仍然是寥廓通达、毫无阻碍。人也应该如此。虽然有七情六欲,情绪起伏不定,而智慧的心性却能含容一切,听凭这些情绪起起落落,心的本体却淡然宁静,廓然无碍。

---

①心体:人类的精神本原。
②天体:天空中星辰的总称,指天心、宇宙精神的本原。
③景星:代表祥瑞的星名。
④庆云:象征祥瑞的云层。
⑤甘露:祥瑞的象征。
⑥廓然:广大。

照以惺惺，主以寂寂

无事时心易昏冥，宜寂寂而照以惺惺；有事时心易奔逸，宜惺惺而主以寂寂。

今译：

无所事事的时候，头脑容易昏沉，在静默时也要保持警醒。奔波忙碌的时候，神思容易弛散，在劳心耗神时也要保持宁静。

点评：

一个人饱食终日无所事事，就会滋生惰性，意志消磨，进入昏沉暗昧的状态。这时候就要提醒自己保持清醒，振作起精神；整日奔波忙碌的时候，心容易被种种琐事扰乱，容易劳心耗神、神思弛散。这时候就要提醒自己冷静下来，控制好冲动不安的心神，才不至于忙中出错。

议事宜悉利害，任事当忘利害

议事者身在事外，宜悉利害之情；任事者身居事中，当忘利害之虑。

今译：

议论事情时，应置身事外态度客观，可以深入地了解事情的利弊得失；主导某事时，应置身其中亲身感受，不计较个人的利害得失。

点评：

俗话说："当局者迷，旁观者清。"置身事中和置身事外，感受不同，观察的角度不同，获得的认识也不同。所以讨论问题的时候，应该本着客观公正的态度，站在高处来观察事情的来龙去脉，才能把握全局，发现问题的本质。处理事情的时候，只有亲身参与，才能充分感受到问题的症结，把握分寸，游刃有余。

操履要严明，心气要和易

士君子处权门①要路，操履②要严明，心气要和易。毋少随而近腥膻③之党，亦毋过激而犯蜂虿④之毒。

今译：

士君子身处重要的权位时，操守品行要严谨光明，心境气度要平和宽厚。不要有一点同流合污的念头，去接近营私舞弊的奸党；但也不要过分刚直偏激，触怒阴险狠毒的小人。

点评：

士君子学而优则仕，读书做官是知识分子入世的重要路径。然而，从读书到做官，从书本到实践，还有很长的路要走。士君子往往书生意气，充满理想主义，在待人接物时，过于泾渭分明。确实，初入官场时，只有洁身自好，才能明哲保身，否则，拉帮结派或者意气用事，都会使自己堕落，最后迷失了自己。但与此同时，也要讲求待人处世的艺术，善于保护自己，善于把握时势，协调各方面力量，为我所用。

---

①权门：有权势的政要。

②操履：操守和行事。

③腥膻：鱼臭为腥，羊臭叫膻。喻操守卑污的人。

④虿：毒虫名，属蝎科。喻人心险恶。

不近恶事，不立善名

标节义者，必以节义受谤；榜道学①者，常因道学招尤。故君子不近恶事，亦不立善名，只浑然②和气③，才是居身之珍。

今译：

标榜名节的人，必然会因名节而受毁谤；标榜学问的人，经常由于学问而受指责。真正有修养的君子，不会做坏事，也不贪善名，只需保持纯朴和蔼之气，才是立身处世的无价宝。

点评：

中国人自古讲求谦虚、低调。无论做人做事，都应该保持谦逊的姿态。喜欢夸饰自己名节高尚、学问深厚的人，只是一味地自我感觉良好，却很难令人信服敬重。更何况，名节学问并非靠自吹自擂得来的，而是从艰苦中磨炼出来的。一个有德行的君子，不会拿自己的名节、学问做炫耀的资本。他们纯朴而低调，以平凡的姿态，践行着不平凡的伟业。

---

①道学：宋儒治学以义理为主，因此把他们所研究的学问叫理学，即道学。
②浑然：纯朴敦厚。
③和气：儒雅温和。

诚信和气，化育天下

遇欺诈的人，以诚心感动之；遇暴戾的人，以和气薰蒸之；遇倾邪私曲的人，以名义气节激励之，天下无不入我陶冶中矣。

今译：

遇到虚伪狡诈的人，用诚心感动他们；遇到脾气暴戾的人，用和气影响他们；对待奸邪自私的人，用道德气节激励他们。能够做到这些，则天下人皆可以被陶冶感化。

点评：

君子为人处世，不仅有待人接物的艺术，更有待人接物的大道。和各种小人相处时，也能得心应手。这是因为君子有着高尚的德行，能够用自己的品德修养来感化他人，感动他人，影响他人。人非草木，孰能无情？即使再狡诈的人，也没有断绝善根。用真情对待脾气暴戾的人，他也会变得温柔和顺；用名义气节激励奸邪自私的人，他的邪思邪念也会消失得无踪无影。以德服人，天下人都会心悦诚服，为我所用。

一念慈祥和气酿，寸心洁白百世芳

一念慈祥，可以酝酿两间和气；寸心洁白，可以昭垂百代清芬。

今译：

心中有了慈祥的念头，可以形成天地间祥和的气息；心地保持洁白的状态，可以给百世留下美好的名声。

点评：

一念善心起，地狱即是天堂；一念恶心生，天堂即是地狱。人生在世，唯有纯洁善良的心灵，才能拥有高贵自由的精神。爱是人类繁衍生息的最根本动力。心中充满了慈悲的善念，看待天地万物无不祥和美满。修身立德品行端正，纵然经历千世万世，也经得起历史的检验，收获美好的声名。

阴谋为涉世祸胎，庸德为和平基础

阴谋怪习，异行奇能，俱是涉世的祸胎①。只一个庸德庸行，便可以完混沌②而召和平。

今译：

阴险的计谋、怪异的习气，奇异的行为、古怪的技能，是招致灾乱祸患的根源。只有平实的德操和言行，能保全世道人心的纯朴，并能够招来平安的福分。

点评：

儒家讲中庸之道，反对标新立异，主张平实中正，强调做人要温柔敦厚、朴实庄重。那些性情诡谲、怪诞奇特的人，皆不为儒家所认可，并斥之为品性不端。在儒家看来，只有平平淡淡才是真。但是这并不意味着，就不要去开拓创新，什么也不用做，平平庸庸地过一生。所以在现代社会中，我们需要大胆地推陈出新，只不过在求新求变的路上，要保持中正平和的心态，谨防偏激行事带来灾祸。

---

①祸胎：指招致祸患的根源。

②混沌：本指宇宙初开元气未分之时。喻自然而无知、纯朴的心神。

登山耐侧路,踏雪耐危桥

语云:"登山耐侧路,踏雪耐危桥"。一耐字极有意味,如倾险之人情,坎坷之世道,若不得一耐字撑持过去,几何不堕入榛莽坑堑①哉?

今译:

俗语说:"爬山时要承受得住斜坡上的险路,踏雪要有胆量过危险的桥梁。"这个耐字实在是意味深长。就像面对险诈奸邪的人情,坎坷不平的世道,如果不用这个耐字苦撑下去,便会堕落到荆棘遍布的深沟里!

点评:

人情有波澜,世路多弯曲。人的一生,总会遭遇各种各样的困难。《庄子》说:"临大难而不惧者,圣人之勇也。"面对困难时要怀有必胜的信念,要有耐受困难的勇气。《论语》说:"士不可以不弘毅,任重而道远。"(读书人必须有远大的抱负和坚强的意志,因为他对社会责任重大,要走的路很长。)用坚韧不拔的毅力,披荆斩棘,久久为功,就一定能冲破艰难险阻。

---

①坑堑:有深沟的险处。

逞功业炫文章，皆是靠外物做人

夸逞功业，炫耀文章，皆是靠外物做人。不知心体莹然，本来不失，即无寸功只字，亦自有堂堂正正做人处。

今译：

夸耀功业，炫耀文章，都是借助于外来的事物来增加自身的光彩价值。岂不知每个人的心体都是干干净净的，只要不丧失纯真本性，即使一生没留下功勋事业、著作文章，也仍然是一个堂堂正正的人！

点评：

《坛经》说："菩提只向心觅，何劳向外求玄？"（修行要内求，只有内心自见，何必向外去求。）人生幸福的真谛，就是回归本心，安住本心。任何向外的追求，都是迷己逐物，逐物迷己。通过追求功业、卖弄文辞来彰显自己的人，都是在舍本逐末，心外求佛，并没有真正觉悟大道。真正悟道的人，即使没什么显著的功名、华美的文章，他的心灵仍然喜悦绽放，幸福流淌。

忙里偷闲早安排，闹中取静心有主

忙里要偷闲，须先向闲时讨个把柄；闹中要取静，须先从静处立个主宰。不然，未有不因境而迁，随事而靡者。

今译：

忙碌时要学会休闲，必须在闲时培养出静气；喧闹的时候要保持冷静，必须在冷静时打下根基。否则，就很难摒除环境的干扰，摆脱外物的牵累。

点评：

忙里会偷闲，闹中能取静。怎样才能达到这种境界？这就是要做到闲忙结合，动静相宜。在闲的时候要做好繁忙时的准备，心里就会有主宰，繁忙的时候才不会手忙脚乱；在静的时候要打好应对喧闹的根基，心里就会有底气，喧闹的时候，才不会受到干扰。在忙碌和休闲的生活中保持平衡，在喧闹和宁静的生活中保持稳定，这才是智慧的人生。

为天地立心,为生民立命

不昧己心,不尽人情,不竭物力,三者可以为天地立心,为生民立命,为子孙造福。

今译:

不违背自己的良心,不冷酷没有人情,不过度耗损物力。能做到这三点,就是为天地确立起仁爱之心,为百姓确立生命的意义,为后世子孙创造美好的福祉。

点评:

读书人的理想,就是要在天地之间树立起自己的道德良知,明确生命的意义,造福子孙后代。要做到这些,有三个具体的路径:一是不能违背良心,做人堂堂正正;二是要温和善良,而不是冷酷无情;三是要节俭知足,而不是过度耗损。只要做到了这三点,就能把崇高的理想变为现实。

公生明廉生威，恕则清俭则足

居官有二语，曰"唯公则生明，唯廉则生威"；居家有二语，曰："唯恕则情平①，唯俭则用足。"

今译：

做官有两句必须遵守的箴言："只有公正无私才能判断明确，只有清白廉洁才能使人敬畏"；治家有两句必须遵守的箴言："只要你宽容心情自然会平和，只要你节俭家用就能够充足。"

点评：

因为上行下效，所以无论做官还是治家，都必须以身作则。为官之道，应公正无私，廉洁自律。为官者如果不能主持公道，老百姓也会不顾法纪，扰乱社会，这就叫"上梁不正下梁歪"。治理家庭要以和为贵，勤俭持家。北宋司马光（1019—1086）主编的一部294卷本编年体史书《资治通鉴》中说："取之有度，用之有节，则常足。"家庭财富的积累，需要开源，也需要节流。节俭家用而不挥霍，才能保持长久的富足。

---

①情平：情绪平稳，毫无怨天尤人之意。

富贵不忘贫贱,少壮当念衰老

处富贵之地,要知贫贱的痛痒;当少壮之时,须念衰老的辛酸。

今译:

身处富贵的时候,要体谅贫苦人家的艰辛;年富力强的时候,要考虑年纪衰老时的不易。

点评:

人的一生,有显达,也有困顿;有顺境,也有逆境。当春风得意、富贵荣华的时候,切莫得意忘形、骄傲自满,要能够体谅贫寒之士的艰辛。当年富力强的时候,不要嘲笑老年人的衰弱无力,每个人都有衰老的一天。"少壮不努力,老大徒伤悲。"在年轻的时候需提前打好人生的基础,以更好地应对来日人生的风雨。

持身不可太皎洁，待人且莫太分明

持身不可太皎洁，一切污辱垢秽要茹纳得；与人不可太分明，一切善恶贤愚要包容得。

今译：

要修身养性，不可太自命清高，对一切羞辱委屈、污垢秽浊都要容忍得下；待人处世不可太善恶分明，不管是善人恶人、智者愚者都要包容得下。

点评：

秦朝宰相李斯（约前284—前208）说："泰山不让土壤，故能成其大；河海不择细流，故能就其深；王者不却众庶，故能明其德（泰山不拒绝土壤，所以能成就它的高大；江河大海不放弃细小的流水，所以能成就它们的深邃；为国之君不推却百姓，就能彰明他的美德）。"君子立身，要有容人的雅量。每个人都有优点和缺点。孔子说："三人行，必有我师焉。"与人相处，要善于发现和学习别人的优点，才能不断进步。看到他人的缺点，要及时反观自身，有则改之，无则加勉。

休与小人结仇,休向君子谄媚

休与小人仇雠,小人自有对头;休向君子谄媚①,君子原无私惠。

今译:

不值得跟行为恶劣的小人结仇,因为小人自然有他自己的对头;不要向修养纯熟的君子献殷勤,因为君子不会徇私而给你恩惠。

点评:

鸟吃虫,猫捕鼠,是大自然保持平衡的法则。"恶人自有恶人磨",小人自有小人来对付。面对心地不善的小人,要保持距离,不做无谓的争执,徒然耗费心力。同样,对待君子也不必曲意迎合。君子秉持立身处世的原则,不会为了私情而法外开恩。

---

①谄媚:用不正当言行博取他人欢心。

执理病难医,义理障难除

纵欲之病可医,而执理之病①难医;事物之障可除,而义理之障②难除。

今译:

放纵情欲的毛病可以医治矫正,在事理上顽固不化却不可能治得好;一般的障碍物可以移开除去,思想认识上的障碍却实在难排除。

点评:

明代思想家王阳明(1472—1529)说:"去山中贼易,去心中贼难。"要去除思维惯性、偏见陋习,是难之又难。一个人纵情声色的恶习通过严格管理,到最后还能够矫正;而思维上的固执己见、愚昧无知,除非自己下大力气反省改正,否则谁也拿你没办法。所以,凡事都应该先检点自己的思想,思想与观点对了,行为才能少出错误。

---

①执理之病:固执己见、刚愎自用的毛病。

②义理之障:真理、正义方面的障碍。

磨砺当如百炼金，施为宜似千钧弩

磨砺当如百炼之金，急就者非邃养①；施为宜似千钧之弩，轻发者无宏功。

今译：

磨砺身心要像炼金一般反复熔冶，如果急功近利就不会有高深修养；处理事情要像拉开千钧大弓一样，如果随便发射就不会有好的效果。

点评：

若要功夫深，铁杵磨成针。人生没有捷径可走。无论做人做事，都应该踏踏实实、稳扎稳打。急于求成，就会流于肤浅。积蕴至深，方可厚积薄发。那些投机取巧、急功近利的人，虽然能取得一时的成效，但往往根基不牢、难成大业。处理问题要深谋远虑，一击必中。如果只是蜻蜓点水，就很难有建树。

---

① 邃养：高深修养。

宁为小人忌，甘受君子责

宁为小人所忌毁，毋为小人所媚悦①；宁为君子所责备，毋为君子所包容。

今译：

宁可遭受小人的猜忌和毁谤，也不要被小人的甜言蜜语所迷惑；宁可遭受君子的责难和训斥，也不要被君子的宽宏雅量所包容。

点评：

小人甜言蜜语，往往不怀好意。听到漂亮悦耳的恭维话时，一定要提高警惕，保持清醒。君子待人以诚，即使对你有所责备，也是忠言逆耳。"听君一席话，胜读十年书"，要认真听取君子的劝勉。否则，当你被君子的雅量包容时，自己也就失去了改过向善的机会。

---

① 媚悦：本指女性以美色取悦于人，此指用不正当行为博取他人欢心。《史记·佞幸列传》："非独女以色媚，而士宦亦有之。"

好利之害尚浅，好名之害尤深

好利者逸出于道义之外，其害显而浅；好名者窜入于道义之中，其害隐而深。

今译：

好利的人行为超出道义范畴之外，逐利的祸害明显，容易使人防范，造成的后患也不会太大；好名的人假借仁义道德收买人心，作恶手段隐秘不易被人察觉，造成的危害就非常深远。

点评：

常言说："宁做真小人，不做伪君子。"如果追名逐利的人，毫不隐藏自己对功名利禄的喜爱，倒也显得有几分真诚坦率。即使他们的行为不符合道义，但危害还在明处，容易防范。最要警惕的是那些伪君子。孔子说："巧言令色，鲜矣仁。（那些花言巧语、善于伪装的人，心地往往很坏）"。他们混迹在君子之中，利用人们的善良做出邪恶的勾当，手段隐秘，危害极大。

知恩不报闻善疑,居心刻薄而歹毒

受人之恩,虽深不报,怨则浅亦报之;闻人之恶,虽隐不疑①,善则显亦疑之。此刻之极,薄之尤也,宜切戒之。

今译:

接受很多他人的恩惠,也不去报答,但有了一点怨恨就要报复;听到他人做了错事,虽是谣传也深信不疑,但听到人家的好事,信息再确切也不愿意相信。这种人阴险刻薄到了极点,君子务必要戒绝。

点评:

为人处世,看到优秀的人要向他学习,看到不好的人则要反省自身,砥砺自勉。生活中不乏刻薄寡恩的人,眼里尽是他人的是是非非。受人恩惠,再深也不报答;生起怨恨,就想方设法地报复。听到夸赞别人的好话,半信半疑;听到别人不好的声名,就立刻信以为真。这种自私而又冷漠的性情,君子一定要戒除。

---

①虽隐不疑:虽然隐隐约约也深信不疑。

谗言如寸云蔽日,媚言似隙风侵肌

谗夫毁士,如寸云蔽日,不久自明;媚子①阿人②,似隙风③侵肌,不觉其损。

今译:

用恶言毁谤中伤他人的小人,像用一片乌云遮住太阳的光明。只要清风吹来乌云就会消散,被遮住的太阳就能重现光明;用甜言蜜语阿谀他人的小人,像渗入门缝中的风伤害皮肤。人们虽然不觉得有多疼痛,却可能会染惹上伤肌损骨的不治之症。

点评:

俗话说:"谣言止于智者。"流言蜚语纵然可以诋毁得了一个人一时,然而谎言终究是谎言。等到水落石出的那一天,小人丑陋的嘴脸便会暴露。而遭受了委屈的君子,更显示出品格的高贵。俗话说:"温柔乡是英雄冢。"甜言蜜语比谣言诽谤更加可怕。对待甜言蜜语,一定要提高警惕。小人的阿谀奉承,让人听着舒服,在舒服之中,放松了警惕,慢慢地自高自大,踌躇满志,到最后毁了自己。

---

①媚子:擅长逢迎阿谀的人。

②阿人:谄媚取巧曲意附和的人。

③隙风:从墙壁和门窗的小孔里吹进的风。这种风最易使人身体受伤而得病。

山高峻处无草木，水湍急处无鱼虾

山之高峻处无木，而溪谷回环则草木丛生；水之湍急处无鱼，而渊潭①停蓄②则鱼鳖聚集。此高绝之行，褊急之里③，君子重在戒焉。

今译：

山峰高耸的地带不长树木，而溪谷环绕处有各种花木生长；水流湍急的地方没有鱼虾，而水深且静处有各种鱼类聚集。可见过分的清高和过分的偏激，也跟高山峻岭和湍急河流相同，都是不能容纳万物生息的所在，君子必须将这种状况彻底戒除。

点评：

中国的传统文化始终主张中庸之道。儒家经典的四书之一《中庸》说："致中和，天地位焉，万物育焉。（达到了中和，天地便各归其位，万物便生长发育）"。天地万物之所以欣欣向荣，正是因为它们的丰富性和多样性。无论做人做事，都不应该走极端。物极必反，曲高和寡，君子对此一定要充满戒心。在处理纷繁的世事人情时，要善于掌握分寸，把握好平衡。

---

①渊潭：深潭。
②停蓄：水平静不流动。
③褊急之里：狭隘到极端的心理。

圆融能成大业，固执错失良机

建功立业者，多虚圆之士；偾事失机者，必执拗之人。

今译：

能够成就一番大事业的，大多是圆融的人；败坏事业错失良机的人，必定是固执的人。

点评：

中国传统文化主张以和为贵，做人讲究态度和善，做事情主张手段圆融。事物在不断发展变化，处理事情也应该随之灵活变通，才可能将事情办好。固守任何一种既定见解或模式，只会在变化发展的事物面前碰壁。所以，遇到问题的时候，不应该死守教条，而是要根据实际情况做出变通。即使达不成合作，也不要伤了和气，留下后路，未来也许还有合作的机会。

不宜与俗同,不宜与俗异

处世不宜与俗同,亦不宜与俗异;做事不宜令人厌,亦不宜令人喜。

今译:

处世既不要跟俗人们同流合污,也不要自命清高而故意与众不同;做事既不可自以为是惹人讨厌,也不可以曲意奉承博取他人欢心。

点评:

为人处世,贵在圆融,不偏不颇,这是一门艺术,更是一项修养。既不要随波逐浪同流合污,也不要孤芳自赏标新立异;既不要自以为是让人生厌,也不要曲意逢迎讨人欢喜。运用之妙,存乎一心。只有在充分的实践历练中,才能掌握好分寸,把握好平衡。

莫道桑榆晚，烟霞尚满天

日既暮，而犹烟霞绚烂；岁将晚，而更橙橘芳馨。故末路①晚年，君子更宜精神百倍。

今译：

太阳快要落山时，天上的晚霞是多么的绚烂夺目；秋季层林尽染的时候，金黄的柑橘吐露着扑鼻芬芳。所以君子即使到了末路晚年，也要更加振作精神奋发有为。

点评：

古人认为，人生有三件让人悲哀的事情：美人迟暮、英雄末路、江郎才尽。有道是"夕阳无限好，只是近黄昏"。人生到了暮年晚景，韶华不复，老态龙钟，百病缠身，难免令人心悲。自怨自艾、自暴自弃，就会使生机过早地衰退。三国时期曹操（155—220）说："老骥伏枥，志在千里；烈士暮年，壮心不已。"即使是到了晚年，也仍然要天人合一，从大自然的美丽景致勃勃生机中，体悟到做人的道理，要激发起对生活的热情，以饱满的精神，度过生命的每一天。

---

①末路：最后的路程。

聪明不露，才华不逞

鹰立如睡，虎行似病，正是它攫人噬人手段处。故君子要聪明不露，才华不逞，才有肩鸿①任钜的力量。

今译：

老鹰立在枝头貌似瞌睡，老虎走在路上好像生病，就是它准备捕捉猎物的手段。有德的君子应该像鹰虎一样，不去炫耀聪明不去显露才华，才能有肩负重大使命的力量。

点评：

苍鹰看似昏睡，实则警醒无比；猛虎看似慵懒，实则蓄势待发。这是它们的生存艺术，也是它们的高明之处。西汉史学家司马迁（前145或前135—？），撰写的中国历史上第一部纪传体通史《史记》里说："良贾深藏若虚，君子盛德，容貌若愚。（一个了不起的商人，深藏财货，而外表看起来好像空无所有；一个有修养的君子，内藏道德，而外表看起来好像愚蠢迟钝。）"浅水喧哗，深水静流。在人情险恶的社会，真正有实力的人，往往深藏不露，轻易不会亮出底牌。一旦有所动作，必定是拳拳到肉的霹雳手段。

---

①肩鸿：肩鸿即担当大任。

俭过则悭，让过则伪

俭，美德也，过则为悭吝，为鄙啬，反伤雅道；让，懿行也，过则为足恭，为曲谨，多出机心。

今译：

节俭是美德，但过了度就是吝啬、刻薄，反伤了做人的气度风雅；谦让是美德，但过了度就变得拘谨、卑屈，大多是有了机巧的心思。

点评：

人们常说"过犹不及"，真理过了头就是谬误，因此儒家崇尚中庸之道，主张中和节度，道理正在这里。节俭是中华民族的传统美德，然而节俭过了度，连生活所必需的物资也不愿花费，就会有吝啬之嫌，甚至变成守财奴，丧失了做人应有的气度。同样，谦让也是中华民族的传统美德，但是谦让过了度，事事退后的人，大多是有了奸诈机巧的心思，对这种人一定要勤加辨识和防范。

喜忧安危,勿介于心

毋忧拂意,毋喜快心,毋恃久安,毋惮初难。

今译:

不要为不顺心的事情担忧发愁,不要为短暂的快乐高兴发狂,不要沉溺于长久的安逸,不要害怕做事情一开始遇到的艰难。

点评:

禅宗说:"平常心即道。"面对纷繁复杂的世事,佛教主张用不执着的态度心平气和地去面对。情绪上的大悲大喜,大起大落,都不是中国传统文化所肯定的人生态度。一个人如果能持守平和中正的心境,"不以物喜,不以己悲",自然能抵御外界的干扰,在纷纭复杂的乱象当中,冷静处事,不为外境所蒙蔽。一个达道的人,不要总是为那些不如意的事情忧心忡忡,也不要因为一时得志就喜悦发狂。不要因为事情艰难就向后退缩,也不要因为生活安定就放纵挥霍。

好士子淡声华，好臣子轻名位

饮宴之乐多，不是个好人家；声华之习胜，不是个好士子；名位之念重，不是个好臣子。

今译：

经常举行酒会作乐，绝非正派的好家庭；过于追求声誉的，绝非正派的读书人；名利权位观念重的，绝非廉正的好官吏。

点评：

老子说："五色令人目盲，五音令人耳聋，五味令人口爽，驰骋畋猎令人心发狂，难得之货令人行妨。"沉迷于宴饮游乐，不是个好的家庭；过于追求声誉的，不是个好的读书人；一门心思钻营，削尖脑袋往上爬，不是个好臣子。三国时名相诸葛亮说："非淡泊无以明志，非宁静无以致远。"无论是读书人还是做官的人，如果物欲熏心，唯利是图，就很难有大的作为。

如愿时苦在其中，违心时乐在里面

世人以心肯①处为乐，却被乐心引在苦处；达士以心拂②处为乐，终为苦心换得乐来。

今译：

世人把能够满足欲望当成是快乐，然而却被贪图快乐的心引诱到痛苦中；通达的人把能够忍受折磨当成是快乐，最后终因这一片苦心而得到真正解脱。

点评：

唐代诗人刘禹锡说："千淘万漉虽辛苦，吹尽狂沙始到金。"淘金的人要历经千辛万苦，淘尽了泥沙，才能得到真正的黄金。人的成功，也往往从艰苦磨炼中得来。历尽了千辛万苦，才能取得生命的真经。那些温室里的花朵，看似无忧无虑，悠闲自在，却在安逸舒适的环境中，不知不觉间被销蚀了生命的韧性，变得脆弱不堪。一旦遭到打击，很快就会坠入痛苦的深渊中，无力自拔。

---

①心肯：心满意足。
②心拂：心中遭遇横逆事物。

水满切忌加一滴，木危切忌加一搦

居盈满者，如水之将溢未溢，切忌再加一滴；处危急者，如木之将折未折，切忌再加一搦。

今译：

生活在幸福美满的环境里的人，就像装满了水的水缸，不能再增加一点一滴，否则就会溢出来；生活在危险急迫的环境里的人，就像快要折断的树木，不能再施加一点压力，否则就会立刻被折断。

点评：

当骆驼的负重达到了极限，一根稻草就足以把它压垮。生活中，有压断树枝的最后一片雪花，有引发决堤的最后一滴水。所以，一个有智慧的君子，不论置身于什么情境，都一定要认清形势。你在成功辉煌的时期，会有很多的鲜花和掌声，如果一味地享受赞扬，就容易晕头转向，被活活捧杀。如果你身处困境危机四伏，心里承受着巨大的压力，一定要善于排解，从忧郁里面走出来。否则就像枯脆的树木，稍稍一掰就会折断，稍受刺激就会崩溃。

做到四个冷静，万事清清明明

冷眼观人，冷耳听语；冷情当感，冷心思理。

今译：

用冷静的眼光观察芸芸众生，用冷静的耳朵聆听说话议论，用冷静的态度代替感情用事，用冷静的心境思考各种事情。

点评：

在中国传统文化中，宁静中正的心境，既是修身养性的最高境界，更是获得智慧的方法路径。《道德经》中说："躁胜寒，静胜热，清静为天下正。"诸葛亮《诫子书》："夫君子之行，静以修身，俭以养德。"北宋理学家程颢说："万物静观皆自得。"世路艰险，江湖难测，唯有保持清醒与冷静，才能在纷繁的世事当中处变不惊，把握主动。

心地宽舒福庆长，念头迫促禄泽短

仁人心地宽舒，便福厚而庆长①，事事成个宽舒气象；鄙夫念头迫促，便禄薄而泽短，事事得个迫促规模。

今译：

心地仁慈博爱，胸怀宽阔舒畅，能享受长久的福分，能得到事事宽舒的环境；心胸狭隘迫促的人，眼光短浅鄙陋，只能有短暂的福禄，事事都狭隘局促。

点评：

常言道："傻人有傻福。"在电影《阿甘正传》中，主人公阿甘，一生憨厚善良，生活却充满了幸运与幸福。而在中国古典名著《红楼梦》中，主人公王熙凤"机关算尽太聪明，反误了卿卿性命。"佛说："有了智慧，就不生烦恼；有了慈悲，就没有敌人。"一个心地宽厚的人，自己的生活处处充满爱心和温暖，也给别人带来温馨和谐。相反，一个自以为很聪明，处处耍心眼玩手段，遇事只讲利害而不讲道义的人，往往是"聪明反被聪明误"，即使能获取一时的成功，终究不会有好下场。

---

①福厚而庆长：福泽丰厚，福禄绵长。《易经·文言》："积善之家有余庆。"

闻恶不可即就,闻善不可即亲

闻恶不可就恶①,恐为谗夫泄怒;闻善不可急亲,恐引奸人进身。

今译:

听到某个人犯下了过错的消息,不可马上相信并开始去厌恶他,必须冷静地观察一下传话的人,看看他是否有诬陷泄愤的居心;听到某个人做了好事的消息,不可立即相信并准备去亲近他,必须清醒地考察行善者的本心,以免被行善奸人作为捞好处的途径。

点评:

兼听则明,偏听则暗。处理任何事情都不能任凭一时冲动,而是应该冷静下来,仔细看清对方的真实面目。《西游记》中的那些妖魔鬼怪,往往借着一副善人的皮囊来引诱人们上当受骗。生活中也不乏那些利用人们善心的恶人恶行。所以,当道听途说别人的是是非非的时候,无论是褒扬还是贬抑,都不要盲目相信。只有自己经过一番冷静的观察、思索,才能把真相看清。

---

①就恶:立即厌恶。

性躁一事无成，心和百福自集

性躁心粗者，一事无成；心和气平者，百福自集。

今译：

性情急躁粗心大意的人，做什么事都不易成功；性情温和心平气和的人，各种福分自然会到来。

点评：

俗语说："心急吃不了热豆腐。"刚出炉的豆腐热气腾腾，香气四溢。急急忙忙地去品尝，很容易烫伤嘴巴，难享美味。做任何事情都是一样。性格急躁的人，急于求成便很容易粗心大意，从而酿成大错。俗话说："慢工出细活。"无论读书还是做事，都需要专心致志。耐得住性子，才能做得出精品。《大学》中说："定而后能静，静而后能安，安而后能虑，虑而后能得。"一个人唯有静得下来，以沉静的心境思索问题，才能真正有所收获。

用人不宜刻，交友不宜滥

用人不宜刻，刻则思效者去；交友不宜滥①，滥则贡谀②者来。

今译：

对所用之人不能刻薄，如果刻薄，想为你效力的人也会离开；交友不能浮泛，如果浮泛，善于逢迎献媚的小人就会到来。

点评：

谚语说："良言一句三冬暖，恶语伤人六月寒。"待人刻薄，冷言冷语，往往会拒人于千里之外，最后成为孤家寡人一个，做任何事情都势单力薄，难有成就。交朋友贵在真心，不在多寡。古人说："君子之交，其淡如水。"君子之间的交往，出乎真心，淡泊名利，因此反而显得疏淡。小人则有一大堆的狐朋狗友聚集在一起，热闹非凡，然而相互利用者多，出乎真心者少。

---

①《论语·季氏》："益者三友，损者三友。友直，友谅，友多闻，益矣；友便辟，友善柔，友便佞，损矣。"

②贡谀：说好听话以逢迎讨好。

立定脚跟高着眼，险难之中早抽身

风斜雨急处，要立得脚定；花浓柳艳处，要着得眼高；路危径险处，要回得头早。

今译：

置身狂风劲猛、大雨倾盆的恶劣环境，一定要坚定意志站稳脚跟以免跌跤；面对百花争艳娇柳迷人的美好风景，一定要眼光远大不被眼前景色迷惑；遇到狭窄陡急危险重重的崎岖路径，一定要及早回头以免失足坠崖丧生。

点评：

面对人生的风雨险阻时，一定要立定脚跟，坚定信念，"不管风吹浪打，胜似闲庭信步""敌军围困万千重，我自岿然不动。"俗话说："英雄难过美人关"。花前月下，面对姿色动人的女子，要有柳下惠坐怀不乱的风范。目光高远，胸怀辽阔，面对美色诱惑时才不会迷乱。人生的路充满了种种艰险，当你察觉到了危机，就要急流勇退，以免深陷泥潭之中不能自拔。辉煌的人生，永远属于心志高远、信念坚定、能把握时机的人。

和衷不启忿争路，谦德不开嫉妒门

节义之人，济①以和衷②，才不启忿争之路；功名之士，承以谦德，方不开嫉妒之门。

今译：

崇尚节义的人行为容易流于偏激，所以须用温和平缓的胸怀来调剂，心态温和平缓就不会与人有意气之争；功成名就的人心理容易流于自大，所以须用谦恭和蔼的美德来辅助，谦恭和蔼就不会留下嫉妒的把柄。

点评：

侠肝义胆的人，雄姿英发，性情刚烈，容易和别人意气相争，引发冲突。为人刚强侠义，是他们的优长，而偏激行事也是短处。要取长补短，时时提醒自己要有温和平缓的胸怀，以矫正缓和偏激的性情。俗话说："木秀于林，风必摧之；堆出于岸，流必湍之；行高于人，众必非之。"身处高位的人，要懂得收敛自己的言行。如果恃才傲物、骄傲自大，只会把自己推向众人的对立面，招致众人的嫉妒和诋毁。

---

①济：增补、调节。

②和衷：温和的心胸。

居官杜幸端，乡居敦旧好

士大夫居官不可竿牍[①]无节，要使人难见，以杜幸端；居乡不可崖岸太高[②]，要使人易见，以敦旧好。

今译：

士大夫在做官的时候，对于求职位的推荐信，不能毫无节制地接受，要让他人难见到自己，以防范奔走钻营的人；士大夫在居乡的时候，不要一味自命清高，要用平易的态度处事，让乡亲容易见到自己，以便敦睦邻里的感情。

点评：

身居要职和赋闲退休，是两种不同的人生境遇。在任时常常门庭若市，对待前来拜访求情的人，一定要态度严肃恭谨，既不失做人的礼节，也不失做事的原则，要谨防坠入名利的陷阱；退休之后，"不在其位，不谋其政"，面对家乡父老乡亲，要态度温和，与群众打成一片。如果仍然是一副高高在上的姿态，自认为高人一等，就很难融入集体当中，享受世情人心的温暖。

[①]竿牍：竿，简。竿牍即书信。
[②]崖岸太高：喻性情高傲。

宽仁

事上敬谨,待下

大人①不可不畏,畏大人则无放逸之心;小民亦不可不畏,畏小民则无豪横之名。

今译:

对于道德修养纯熟的人,不可不抱着敬畏的态度。只有用敬畏心对待大人物,才没有放纵安逸的心念;对于沽酒卖浆的普通人,也不可没有敬畏的态度。只有用敬畏心对待百姓,才没有豪强蛮横的恶名。

点评:

孔子说:"君子有三畏,畏天命,畏大人,畏圣人之言。"对于浩瀚宇宙乃至天地自然,人要心存敬畏。要看得到天地宇宙的寥廓和人类的渺小,敬畏自然,尊重规律。对于历史上那些英雄,伟人也要心存敬畏。要学习那些历史伟人的道德品行,以身作则,继往开来。对于先贤遗言,更要心存敬畏。要尊重知识,并将其发扬光大。一个人有所敬畏,面对天地人事,看得到自身的局限,就不会轻浮无知、恣意放肆。小人"无知者无畏",以一副妄自尊大的丑态自居,只会令人耻笑。

---

①大人:指有道德声望的人。《论语·季氏》:"畏大人。"《注》:"大人,圣人也。"

身处逆境化怨尤，精神怠荒图振奋

事稍拂逆①，便思不如我的人，则怨尤②自消；心稍怠荒③，便思胜似我的人，则精神自奋。

今译：

当事情不如意而处于逆境时，想想那些不如我的人，就不会怨天尤人；当事情一帆风顺而精神松懈时，想想那些比我强的人，就会立即振作起精神。

点评：

人生不会一帆风顺，在前进之路上难免跌跌撞撞。一遇到困难就怨天尤人的人，只会在抱怨声中消磨战胜困难的勇气和心志。这时候，不妨想一想那些境况不如自己的人，对比之中看一看自身的优点和长处，学会珍惜当下所拥有的东西，心中就会重新燃起希望之火，重新激发出奋斗的意志。人在成功的时候最容易放逸堕落，稍有成就的时候，要切忌志得意满，看一看那些比自己优秀的人，就会明白自己依然有很大的提升空间。

---

①拂逆：不顺心不如意。

②怨尤：把失败归咎于命运和别人。

③怠荒：精神萎靡不振，懒惰放纵。

不可乘喜轻诺，不可因倦鲜终

不可乘喜而轻诺，不可因醉而生嗔，不可乘快而多事，不可因倦而鲜终。

今译：

不要因为高兴就轻易许下诺言，不要因为醉酒就乱发脾气，不要因为冲动就惹是生非，不要因为疲倦就有始无终。

点评：

生活中，有些人喜欢被奉承，言而无忌，一时高兴会轻易地许下诺言，事后又很难兑现，渐渐地便失去了朋友的信任，而为人所不齿；有些人借着醉酒发酒疯，装疯卖傻，放纵言行，令人生厌；有些人意气用事，不问是非，结果因冲动而酿成大祸；有些人做事情虎头蛇尾，轻言放弃。这些行为都是世人经常出现的错误，应该引以为戒。

不落筌蹄,不泥迹象

善读书者,要读到手舞足蹈处,方不落筌蹄①;善观物者,要观到心融神洽②时,方不泥迹象。

今译:

善于读书的人,要读到手舞足蹈的境界,才能透过语言文字领会书中的义理;善于观物的人,要把全部心神融入其中,才会透过形迹明白它的本质精神。

点评:

读书,重在心领神会;观物,意在物我相融。儒家的圣人孟子说:"尽信书则不如无书。"读书重在从文字当中体会作者的深意,活学活用,而不是被语言文字拴住,成了食古不化的书呆子。观察事物,欣赏自然,妙在心物一体,物我两忘。晋代的大诗人陶渊明说:"采菊东篱下,悠然见南山。"当人的心神与自然环境高度契合,将自我融于天地时,人的认知和境界就会有很大的提升和突破。

---

①筌蹄:局限窠臼。筌为捕鱼的竹器,蹄是拦兔的器具。《庄子·外物》:"筌者所以在鱼,得鱼而忘筌;蹄者所以在兔,得兔而忘蹄。"

②心融神洽:人的精神与物体合而为一,心领神会而至忘我境界。

莫以己长形人短,勿因己富欺人贫

天贤一人以诲众人之愚,而世反逞所长以形①人之短;天富一人以济众人之困,而世反挟所有以凌人之贫:真天之戮民②哉!

今译:

上天给予一个人聪明睿智,是让他教导智力较差的人;可现在世上看似聪明的人,反而拼命卖弄自己的才华,来使别人的短处相形见绌。上天给予一个人富华富贵,是让他帮助众人解决困难;可现在世上拥有荣华富贵的人,反而恣意倚仗自己的财富,来傲视欺凌贫穷困难的人。这两种昧着良心做事的人,是要受到上天严惩的罪人。

点评:

一个社会的良性发展,需要所有人协调互助,共同推动。天资聪明、禀赋异常的人,在利用自己的聪明才智创造幸福生活的同时,也要担负起上天所赋予的责任,为社会多做贡献,为人民谋求幸福。如果只是贪图自己的享乐,或者倚仗自己的才智在资质平庸的人面前炫耀显摆,就是"夺天之功为己功",最终必定受到众人的唾弃。

---

①形:表露。
②戮民:有罪之人。按此则之意,本于《孟子》引《书经》语。

至人愚人可共事，中才之人难下手

至人何思何虑，愚人不识不知，可与论学，亦可与建功。唯中才的人，多一番思虑知识，便多一番臆度猜疑，事事难于下手。

今译：

智慧道德超凡迈俗的人心中平静，什么都明白，智商不高愚鲁笨拙的人简单纯朴不会去计较，这两种人既可以和他们讨论学问，也可以和他建功立业。唯独中等才情的人，智商既不算高也不算笨，遇事反复揣量疑虑重重，所以什么事都难以完成。

点评：

孔子说："唯上智与下愚不移。"生活中，那些绝顶聪明、拥有大智慧的人，凡事看得破，认得真，心性坚定不移，不为外物干扰。那些愚笨憨厚而有自知之明的人，内心单纯，心性纯洁，因此较少受到污染。唯有这两种人，可与他们共事。可悲可恨的是那些在中间摇摆不定的人，他们智慧不高却心眼不少，在追名逐利中费尽心思，机关算尽，最后是害人害己，一事无成。

守口应密,防意须严

口乃心之门,守口不密,泄尽真机;意乃心之足①,防意不严,走尽邪蹊。

今译:

嘴是心的大门,大门守不严,就会泄露真机;意是心的双脚,双脚管束不严,就会走上邪路。

点评:

人一定要为自己的行为担负起责任。俗话说:"病从口入,祸从口出。"贪图一时的口爽,会引发身体的疾病;贪图一时的口快,会造成终身的遗憾。所以对自己的嘴要严加看管,同时对自己的意念也要严加防范。放任意念,看管不严,它就会走上邪路,享受堕落,迷失忘归。

---

①意乃心之足:形容心灵统率意识。

待人须宽厚，律己应严格

责人者，原无过于有过之中，则情平；责己者，求有过于无过之内，则德进。

今译：

对待别人要宽厚为怀，当别人犯下过错时，像他没有过错般原谅他，就能心平气和地相处；对待自己应严格要求，应在自己没有过错时，注意避免可能犯的过错，才能使自己品德进步。

点评：

常言说，人有两只眼睛，一只观察别人，一只观察自己。中国传统文化主张，"严于律己，宽以待人""静坐常思己过，闲谈莫论人非"。对待自己一定要严格要求，要常常反省检讨自己的不足之处，才能够不断地提高进步。对待别人则应该宽厚包容，当别人有了过错，要善意地提醒，而不是耿耿于怀，锱铢必较。出现了问题，要多从自己身上找原因，而不是归咎于别人。

幼时教养好子弟,涉世立朝成大器

子弟者,大人之胚胎;秀才者,士夫之胚胎。此时若火力不到,陶铸不纯,他日涉世立朝,终难成个令器①。

今译:

小孩是大人的前身,秀才是士大夫的雏形。在这个初级阶段,如果磨炼陶铸不够,将来入世做官之后,很难成为有用的人才。

点评:

《三字经》说:"玉不琢,不成器;人不学,不知义。"玉石不经过精雕细琢,便难以成为精美的器物;人不努力学习,便不会懂得为人处世的道理。凡是想成就一番事业者,无不需要勤奋刻苦、持之以恒地努力。古人说:"少壮不努力,老大徒伤悲。"《庄子》中说"适百里者宿舂粮,适千里者三月聚粮。"行路百里的人,只需要准备一天的口粮;行路千里的人,却要准备好三个月的口粮。所以,家庭教育要从小抓起,做事情应尽早规划,做最充分的准备。

---

①令器:美好的人才。

不忧患难,不畏权豪

君子处患难而不忧,当宴游而惕虑①;遇权豪而不惧,对茕独②而惊心。

今译:

君子置身危难中也不会忧心戚戚,但在宴饮安乐时却知道警惕自己。君子遇到有权势的人也不会战战兢兢,可遇到孤寡老弱时却油然生起了同情心。

点评:

君子立身于世,面对人生的磨难,勇于面对,积极进取。当享受悠闲的生活时,他能清醒地懂得"生于忧患"的道理,不断砥砺心志,谨防昏沉堕落。君子秉持正义,没有媚上欺下的小人嘴脸。遇到豪强,勇敢无畏。遇到穷苦人家,则尽自己的力量来帮助他们。这,就是君子的风骨和品格。

---

①惕虑:警惕忧虑。

②茕独:孤苦伶仃的意思。没有兄弟叫茕,没有子孙为独。

浓夭不及淡久,早秀不如晚成

桃李虽艳,何如松苍柏翠之坚贞;梨杏虽甘,何如橙黄橘绿之馨冽?信乎!浓夭①不及淡久,早秀不如晚成也。

今译:

桃树和李树的花朵虽然绚烂夺目,怎比得四季常青的松柏那样坚贞?梨子和杏子的滋味虽然香甜甘美,怎比得黄橙绿橘飘散着芬芳甘冽?是啊!易逝的美色不如清淡的芬芳持久,少年时春风得意远不如大器晚成。

点评:

中国儒家文化经典《论语》说:"岁寒,然后知松柏之后凋也。"桃红柳绿虽然艳丽一时,却不及松柏常青。等到百花凋零,风霜雨雪中,苍翠的松柏愈发显得旺盛。桃杏的果实成熟早,味道甘美,但很快过季;橙橘果实成熟晚,果味淡雅,却更耐久存。人生也是这样。有些人少年得志,有些人大器晚成。少年得志者,容易骄狂,昙花一现;大器晚成者,百炼成钢,更能长远。

---

①浓夭:指美色早逝。

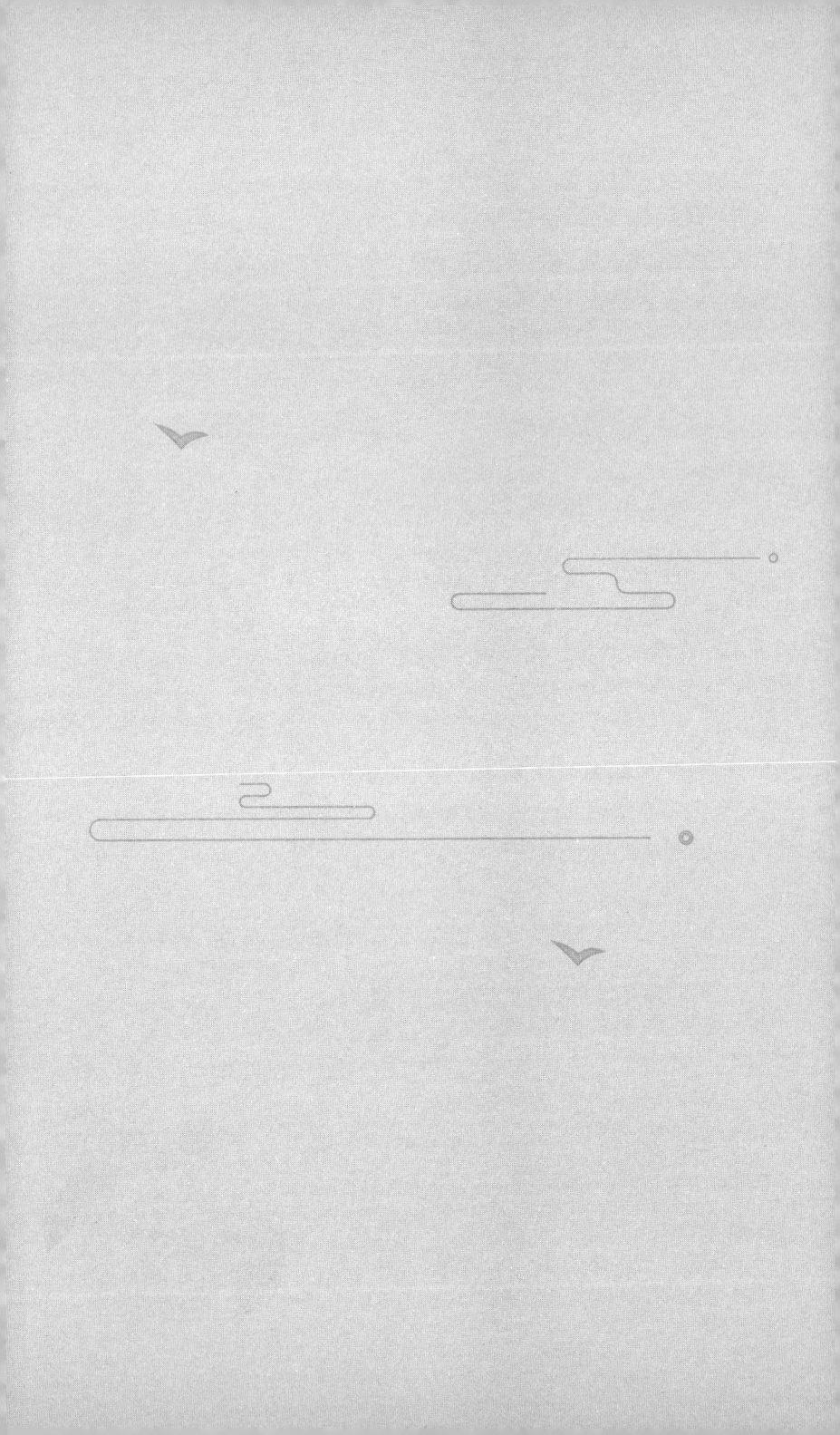

后集

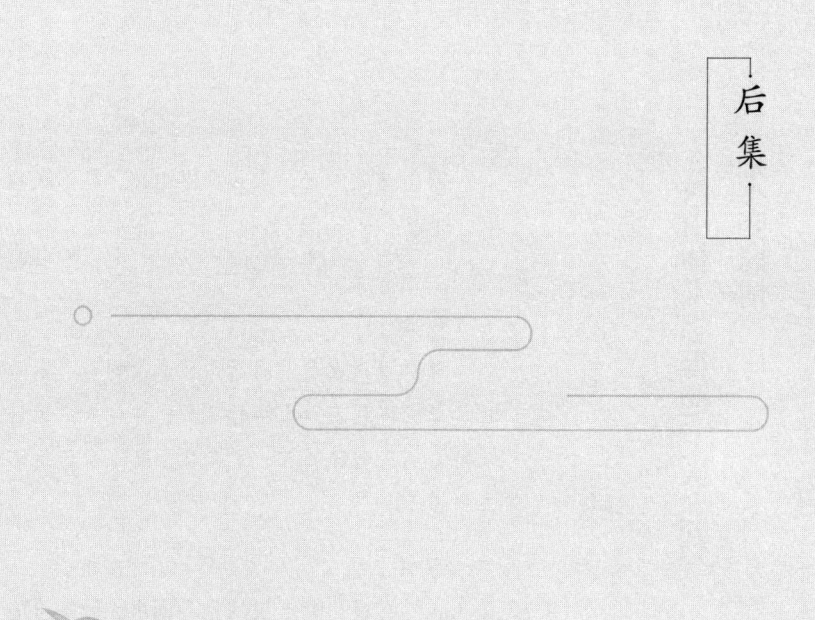

羡山林未必得趣，厌名利未必忘情

谈山林之乐者，未必真得山林之趣；厌名利之谈者，未必尽忘名利之情。

今译：

口口声声说羡慕隐居山林生活的人，未必就真正能得到山林生活的乐趣；口口声声说讨厌功名不屑利禄的人，未必就彻底冷却了追名逐利的热情。

点评：

人生在世，嘴上说的是一回事，做的可能又是另外一回事。表面上羡慕山林隐逸生活的人，骨子里未必真的喜欢山林隐逸生活。中唐时诗僧灵澈说："相逢尽道休官好，林下相逢无一人。"每个在官场的人都说休官归隐山林的生活真好，但自己这个山林中的法师，从来没有见到过一个人真的能归隐山林。同样，口头上讨厌名利的人，骨子里有可能是名利熏心。所以，要看清楚一个人，不要听他说得多么漂亮，而要看他实际做得到底怎么样！

多事不如省事，多能不若无能

钓水，逸事也，尚持生杀之柄；弈棋，清戏也，且动战争之心。可见喜事不如省事之为适，多能不若无能之全真。

今译：

垂钓是闲逸的活动，然而钓鱼的人手里握着鱼的生杀大权；下棋是清雅的娱乐，然而下棋人的心里存着争强好胜的念头。可见多事不如无事那样悠闲自在，多才不如无才能够保全纯真本性。

点评：

在中国传统文化中，佛家讲求慈悲，道家追求无为。以此来看，虽然钓鱼和下棋都是一种娱乐休闲活动，其中却隐藏着杀机和争斗，不但使一个人造下杀业，而且又刺激了争强斗胜的机巧之心。这样的行为和心理，并不利于培养一个人宽厚善良的品格。

浓艳为乾坤幻境,真淳是天地真吾

莺花茂而山浓谷艳,总是乾坤之幻境;水木落而石瘦崖枯,才见天地之真吾①。

今译:

姹紫嫣红百鸟齐鸣,锦绣山谷景色迷人,然而这美景都是大自然的幻境;水痕变浅木落千山,石瘦崖枯景致清奇,正好呈现出天地间的真实境界。

点评:

佛家在变幻无穷的宇宙自然中,感悟"缘起性空"的道理。春天到来,百花盛开,莺飞草长,山林中弥漫着欣欣向荣的气象,这是天地的化幻境界。寒冬来临,树叶凋零,鸟兽潜藏,山林里霎时变得萧瑟冷落,这是山林的本来面目。明代文学家杨慎《临江仙·滚滚长江东逝水》一词中有:"是非成败转头空。青山依旧在,几度夕阳红。"纵览社会历史的长卷,功名富贵宛如过眼云烟,转瞬成空。与其在是是非非的漩涡中你争我夺,还不如回归内心的真实与清净。用一颗纯净空明的心,感受天地人世的真与善。

---

①真吾:我的本来面目。宋代朱熹《四时读书乐》:"木落水尽千崖枯,迥然我亦见真吾。"

世界之广狭，皆由心生

岁月本长，而忙者自促；天地本宽，而卑者自隘；风花雪月本闲，而劳攘[①]者自冗。

今译：

岁月本来很悠长，可忙忙碌碌奔走钻营的人，偏偏把自己逼得如此的匆促；天地本来很辽阔，可心胸狭窄卑微猥琐的人，偏偏把自己逼得如此的狭隘；风花雪月本来很闲暇，可是身心交瘁谋衣求食的人却觉得它纯属多余和冗长。

点评：

佛家讲："日月光华，而目盲者不见。"日月光芒万丈，而瞎子一点也看不见。天地美景，无私地呈现在每个人的面前。可我们缺少欣赏的情怀，缺少发现美的眼睛，就成了聋子和瞎子，听不到它的声音，看不到它的美丽。我们忙忙碌碌于生计，我们汲汲钻营名利，在世上只剩下奔波不停的生活。再美的景致，我们也没有心情去欣赏，去享受，心中的那份诗情画意早已悄然褪去。

[①]劳攘：劳指形体的劳碌，攘指精神的困扰。

得趣不在多,会景何须远

得趣不在多,盆池拳石①间,烟霞具足;会景不在远,蓬窗竹屋下,风月自赊。

今译:

要领略自然的情趣不在于景致的多少,只要有一方小小池塘和几块奇岩怪石,就已具备深山大川的烟霞迷蒙之气;要欣赏自然的景致不必到远处去寻求,只要有简陋的竹屋蓬窗和清明的风月,就能够与风月融为一体而远离了尘俗。

点评:

人生处处皆风景,一草一木总关情。生活中的美好与情趣,不在于物质的丰歉、财富的多寡、规模的大小,而在于心领神会、自在悠游。佛家讲:"一花一世界,一叶一菩提。"心中有佛,则所见皆有佛意。精神的富有,并不取决于物质的层级;高雅的情调,也不取决于财富的多少。拥有一颗自由高贵的心灵,自然就有了一段云水的真趣。

---

① 盆池拳石:如盆宽之池,如拳之石,都是形容空间狭小。

唤醒梦中梦，窥见身外身

听静夜之钟声，唤醒梦中之梦①；观澄潭之月影，窥见身外之身②。

今译：

聆听静夜里振聋发聩的钟声，顿悟人生如梦，一切更是梦中的幻梦。静观潭水中皎洁的月影，窥见了超越肉体的真实、自我的永恒。

点评：

《金刚经》讲："一切有为法，如梦幻泡影。"佛家看待世间万物，都是变化无常，如梦如幻的。在万籁俱寂的夜间聆听悠远的钟声，在澄明无瑕中观虚幻的镜中花、水中月，更能体会到宇宙人世，皆如梦幻般缥缈无痕。在静寂澄明的境界里，用慧眼静观，就会从一场大梦中觉醒过来，感悟到什么才是真正的灵性生命。

---

①梦中之梦：人生犹如一场大梦，而功名富贵更是梦中之梦。

②身外之身：肉身之外的精神生命。肉身为虚幻，唯有精神生命方为真实。

鸟语虫声传心诀,花英草色见道文

鸟语虫声,总是传心之诀;花英草色,无非见道①之文。学者要天机②清澈,胸次玲珑,触物皆有会心处。

今译:

鸟的啼叫和虫的鸣声,都在传达心灵的诀窍;花的艳丽和草的青翠,都是呈现妙道的文章。读书做学问的人,不可以局限于书本,要让灵智清明澄澈,胸怀光明磊落,这样接触万事万物时才能悠然会心。

点评:

佛教经典《楞严经》讲:"净极光通达,寂照含虚空。"当一个人内心清澈纯净到了极点,智慧的光芒就能照彻天地,涵摄宇宙虚空。可见,纯净的心性是学者悟道的根本。心中有佛,则青青翠竹尽是法身,郁郁黄花无非般若,在虫鸟的鸣叫声中,感悟到佛心的流淌;在花草的形态中,感悟到大道的留存。

---

①见道:佛家语。彻见大道。

②天机:本指天道机密。此指人的灵性智慧。

解读无字书，知弹无弦琴

人解读有字书，不解读无字书；知弹有弦琴，不知弹无弦琴①。以迹用，不以神用，何以得琴书之趣？

今译：

人只知道读有字的书，不知读无字的书；人只懂得弹有弦的琴，不知弹无弦的琴。这是执着了有形迹的事物，不知道领悟无形迹的神韵。以这浅陋平庸的境界，又怎能理解琴书的天机妙趣？

点评：

人生的智慧和情趣，在于用心领悟。人一旦被外在的形式所束缚，就丧失了内心的灵动和真趣。因此，弹琴实乃弹情，知音贵在知心。如果不能理解生活这部无字的真经，又如何能把握书中文字的真意？如果不能弹拨无弦的琴，又怎么能聆听琴书的妙音？超越外相取其神韵，才是审美的妙境。宋代的欧阳修说："醉翁之意不在酒，在乎山水之间也。"同样，琴书之趣，又怎在于琴书之间呢？

①无弦琴：禅录中用无弦琴音指"宣说"超出语言文字之外的禅理，难以言传的悟心。《传灯录》卷十三《省念禅师传》，"问：'无弦琴请师音韵。'师良久，曰：'还闻么？'"卷二十三《神禄禅师传》："萧然独处意沉吟，谁信无弦发妙音？"卷二十五《从显禅师传》，"问：'久负没弦琴，请师弹一曲。'师曰：'作么生听？'其僧侧耳。师曰：'赚杀人。'"卷二十六《缘德禅师传》，"问：'久负勿弦琴，请师弹一曲。'师曰：'负来多少时也？'"又《五灯会元》卷三《道一禅师传》，"庞居士问：'不昧本来人，请师高着眼。'师直下觑。士曰：'一等没弦琴，唯师弹得妙。'"同书卷十三《献蕴禅师传》："无弦琴韵流沙界，清音普应大千机。"

心无物欲神情澈,座有琴书气欲仙

心无物欲,即是秋空霁海;座有琴书,便成石室丹丘①。

今译:

心里没有物质欲望,气质就像秋空般宁静高远,像雨后初晴的大海那样明朗。身边有琴书相伴,感觉就像是到了逍遥仙境,就像神仙般自由自在。

点评:

孟子说:"养心莫善于寡欲。"诸葛亮《诫子书》中说:"静以修身,俭以养德。"一个人的贪欲,最能蒙蔽本心本性。所以,只有控制横流的物欲,摒绝喧嚣的杂念,使自己的心如同秋日碧空般澄明高远,才能享受心灵的平静与悠然。生活中,与其整日沉湎酒色,不如与琴书相伴,享受清幽的气息与闲情逸致。

---

①石室丹丘:都是指传说中的神仙居所。

乐极生悲，适可而止

宾朋云集，剧饮淋漓，乐矣。俄而漏尽烛残，香销①茗冷，不觉反成呕咽，令人索然无味。天下事率类此，人奈何不早回头也。

今译：

宾朋聚集在一起，痛饮狂欢畅快之至。转眼之间夜晚将尽蜡烛也即将烧完，炉中的香已经燃尽，茶汤也渐渐变冷，这才会觉得刚才的狂欢豪饮，令人有恶心欲吐的感觉。再回想起那些欢乐场景，更觉得一点味道都没有。人间的事情大多像这样，为什么不及早回头清醒？

点评：

汉武帝曾说："欢乐极兮哀情多。"物极必反，乐极生悲。盛极一时的热闹场景，转瞬即逝后难免孤单寂寞。门庭若市的辉煌之后，也会变得门可罗雀、野草满庭，可见世事无常，盛衰轮转。俗话说，狂欢是一群人的孤单。在歌舞欢场之上，觥筹交错之中，总是逢场作戏者多，真正知音者少。等到繁华落尽、情随事迁，留下的唯有孤独与叹息。所以，不要把欢乐与幸福，寄托在外在的事物上。否则期望越高，心理的落差越大，受到的打击越重。

---

①香销：古时宴会用鼎置檀香木燃烧，使满室生香。香销即指檀木香已经被烧尽。

会得个中趣,破得眼前机

会得个中趣,五湖之烟月尽入寸里①;破得眼前机,千古之英雄尽归掌握。

今译:

不论是什么样的情境,只要能领悟其中乐趣,五湖的烟景都能纳入我的心中;不论是什么样的道理,只要能勘破其中机锋,千古的英雄都可以被我掌握。

点评:

人间不论什么事,只要用心体会,日月山川无不与心灵息息相通;人间不论什么理,若能洞察玄机,古今豪杰皆能为我所用。人生天地间,用心灵感受河山的美丽,就可以充分领悟自然的情趣;用智慧看破人性的玄机,就可以充分提升处世的韬略。

---

①寸里:心里。

山河大地属微尘,血肉之躯归泡影

山河大地已属微尘,而况尘中之尘;血肉身躯且归泡影,而况影外之影。非上上智①,无了了心②。

今译:

与无边无际的宇宙相比,山河大地犹如一粒尘埃,更何况尘埃之中的人类,实在是卑微渺小得可怜!与无始无终的时间相比,人类躯体犹如泡沫幻影,更何况泡影之外的功名,实在幻灭得如过眼烟云!不是能够大彻大悟的人,又怎有抛弃这一切的心?

点评:

从浩瀚无垠的宇宙来看地球,山河大地渺小得像一粒尘埃。用洞察一切的慧眼来看人身,肉骨凡胎虚幻得像泡沫影子。时光飞逝,江山依然,那些创下赫赫功绩的英雄豪杰们,如今早已灰飞烟灭。面对无垠的时空,人类渺小得如尘中尘、影中影,极尽繁华,不过是一捧细沙。如果没有清醒的智慧,如何能够悟透这里面的道理?

---

①上上智:最高智慧。

②了了心:彻底明白、了悟的心念。

石火光中争长短，蜗牛角上较雌雄

石火光中，争长竞短，几何光阴；蜗牛角上①，较雌论雄，许大世界。

今译：

人的一生像火石发出的光一样短暂，你争过来我抢过去，有限的光阴到底还剩下了多少？争名逐利像在蜗牛角上摆开了战场，殊死相斗决一雌雄，争得的全部地盘到底能有多大？

点评：

三国时的曹操在诗中说："对酒当歌，人生几何？譬如朝露，去日苦多。"人生苦短，如朝露，如火石，如电光。所以，千万不可把大好的时光白白地浪费了，将珍贵的生命枉然地虚度了。要在有限的生命里，充分利用好精力，做有意义、有价值的事情。

---

①蜗牛角上：喻极小的地方。《庄子·则阳》："有国于蜗之左角者，曰触氏；有国于蜗之右角者，曰蛮氏。时相与争地而战。"后来便将为细碎小利而争夺称作蜗角之争。

寒灯无焰弄光景，身如槁木堕顽空

寒灯无焰，敝裘无温，总是播弄①光景；身如槁木，心似死灰，不免堕落顽空。

今译：

一盏微弱的孤灯光焰暗淡，一件破旧的大衣不能保暖，参禅悟道到了这样的地步，仍然不免被造化所玩弄；身体像是干枯衰朽的树木，心灵犹如燃烧彻底的灰烬，参禅悟道到了这样的地步，已走上了冥顽枯寂的歧路。

点评：

贫寒的人生绝非修道的温床，枯寂的灵魂也不是悟道的主宰。佛教中讲的空，并不是一无所有，而是洋溢着活泼的生机。只是片面崇尚衣衫褴褛、食不果腹的生活，使求道之心像枯木死灰一样，就会令人窒息，了无生机。所以，修道之人一定要谨防堕入对空的执迷之中。要用一颗活泼自由的心灵，感受世间的温暖，珍惜人间的美好，对人生多一份慈悲的大爱。

---

①播弄：颠倒翻弄

要休当下休,要了当下了

人肯当下休,便当下了。若要寻个歇处,则婚嫁虽完,事亦不少;僧道虽好,心亦不了。前人云:"如今休去便休去,若觅了时无了时。"见之卓矣!

今译:

人如果能当下休歇就能够当下了却。如果老是想着找一个彻底清闲的时候,那就像世俗之人,儿女婚姻大事虽然解决了,接踵而来的各种杂事反而一个也不少。这种人哪怕是做了和尚道士表面上看起来十分清闲,实际上心中想着的事情也是没完没了。古人说过:"如果现在能放下那就立即彻底放下,若要想等万事了却就永远也等不到。"这两句话实在是十分精辟,发人深省啊!

点评:

常言说:"当断不断,反受其乱。"无论做什么事情,当下定决心要结束的时候,必须当机立断,快刀斩乱麻。不要给自己找一堆的借口,最后却是"明日复明日,明日何其多!"俗话说:"择日不如撞日。"什么是最好的时机?当下便是。所以,一定要把握好当下,该了则了。凡事无止境地纠缠其中,烦恼也会源源不断紧随其后。

冷眼观热事,闲中滋味长

从冷视热①,然后知热处之奔驰无益;从冗入闲,然后觉闲中之滋味最长。

今译:

用清醒的目光观看热闹的名利场,会发现碌碌钻营到头来是竹篮打水一场空。从忙碌的生活回归于闲适,会发现宁静致远滋味深长。

点评:

人生有种种情境,如果不进行深刻的自我反省,又怎能知道其中的滋味,看破其中的玄机?名利场上,大家争先恐后,熙熙攘攘,热闹非凡。反躬自省,冷眼旁观,才知道对物质的利益,钻营来钻营去,到头还是一场空。所以,旷达之士总是会追求灵魂的自由,而与喧嚣的红尘保持距离。正如晋代大诗人陶渊明的诗中所说:"采菊东篱下,悠然见南山。"在繁华的世间,修篱赏菊,悠然神远,

---

①热:指名位权势。

富贵如浮云，诗酒聊自娱

有浮云富贵①之风，而不必岩栖穴处；无膏肓泉石②之癖，而常自醉酒耽诗。

今译：

能把荣华富贵看成是浮云的人，不必住到深山幽谷去修身养性；对山水风景没有太深癖好的人，吟诗品酒也自有一番乐趣。

点评：

古人修养心性，往往择一处清幽之地，因此大多选择到深山幽谷中去。但实际上，生活处处皆道场，时时刻刻可修行，问题的关键是要断舍掉内心的贪欲。一个人如果视富贵如浮云，那么即使身处红尘，也无异于山林。当然，如果内心对山水没有特别的热爱，在生活中品酒作诗，颐养性情，也别有一番风致。

---

①浮云富贵：视富贵如浮云。《论语·述而》："不义而且富贵，于我如浮云。"

②膏肓泉石：成语有"病入膏肓"之说，形容无药可救。此言爱好泉石成癖，严重得像病入膏肓般无药可治。《旧唐书·田游岩传》："泉石膏肓，烟霞痼疾。"

不为法缠，不为空缚

竞逐听人，而不嫌尽醉；恬淡适己，而不夸独醒。此释氏所谓"不为法缠①，不为空缠，身心两自在"者。

今译：

别人争名夺利随他去争，不必因为别人醉心名利，就心生厌恶而去嫌弃他；恬静淡泊只是为了自适，因此也不必向世人夸耀，说什么世人皆醉我独醒。这就是佛家所说的那样："既不要被物质欲望蒙蔽，也不要被空寂枯槁困扰，才能够使身心两个方面都悠然自得。"

点评：

因为清高就标榜清高，有了智慧就嘲笑别人，那么，清高就成了庸俗，智慧也沦为了愚蠢。人处于世，要内心恬淡，而不是寡淡；要有所追求，而不是盲目地追逐。做人做事要遵守规律，但不能为规则禁锢；要品性淡泊，但绝不意味着什么也不做。

①法缠：法指一切事物和道理。缠是束缚、困扰的意思。

心狭天地狭，心宽天地宽

延促^①由于一念，宽窄系之寸心。故机闲者一日遥于千古，意广者斗室宽若两间。

今译：

时间漫长还是短暂出于心念的感受，空间宽广还是狭窄是出于心理体验。心机闲旷的人即使面对一天时间也会觉得比千年还要悠长，心胸宽广的人即使面对一间小房子也会觉得比天地还要大。

点评：

佛家讲，万法由心造。欢愉的人，良宵一刻值千金，只会觉得时间不够用；悲苦的人，度日如同度年，只会觉得每一刻都在煎熬。忙里如果能偷闲，一刻即是千年；胸襟阔大高远，陋室也如宫殿。

---

①延促：延是长，促是短。此指时间长短。

损之又损，忘无可忘[1]

损之又损[2]，栽花种竹，尽交还乌有先生[3]，忘无可忘[4]，焚香煮茗，总不问白衣童子[5]。

今译：

将物质欲望减少到最低限度，每天栽花种竹培养生活情趣，把一切烦恼都抛到九霄云外；当消除了烦恼达到心无纤尘，每天都在佛前烧香、烹煮禅茶，不用去念想送酒来的白衣人。

点评：

道家讲："为道日损。"体悟大道就要用减法，把各种欲望减了又减，放下对功名利禄的执着贪恋。闲的时候种一些花草，燃一缕幽香，品一杯香茗，喝一点小酒，把一切的烦恼、牵挂，全部抛在脑后。简简单单地生活，自有一番清淡闲远的乐趣。

---

[1] 此则亦见于明李鼎《偶谈》。

[2]《易经·系辞下》："损，德之修也。"《老子》："为道日损。损之又损，以至于无为。无为而无不为。"意为：从事于道，知识一天比一天减少。

[3] 乌有先生：汉司马相如《子虚赋》中虚拟的人名，即本无其人之意。

[4] 忘无可忘：《庄子·让王》："故养志者忘形，养形者忘利，致道者忘心矣。"

[5] 白衣童子：陶渊明曾于重阳赏菊。后来望见白衣人送酒而至，陶渊明更无多话，大醉而归。不问白衣童子，意为不再关心送酒的白衣是什么人，喻兴趣在茶不在酒，对酒已经提不起兴趣了。

知足者仙境，善用者生机

都来眼前事，知足者仙境，不知足者凡境；总出世上因，善用者生机，不善用者杀机。

今译：

各种各样的事情纷纷出现在眼前，知足的人就会像神仙一般的快乐，不知足的人就像在凡境一样痛苦。总括出人间万事万物的深层根由，只要能善于运用就随处充满生机，如果不善于运用就到处布满陷阱。

点评：

老子《道德经》说："知足者常乐。"欲壑难填，人的欲望永远没有止境，唯有知足惜福，才能真正地收获幸福。一个人不论拥有多少财富，假如永远生活在争名夺利之中，奔波忙碌地痛苦煎熬，其实跟穷人并没有本质的不同。如果我们任由欲望泛滥，就永远摆脱不了世俗的困境。

附势之祸，守逸之味

趋炎附势之祸，甚惨亦甚速；栖恬守逸之味，最淡亦最长。

今译：

攀附权势的人，招致的灾祸往往悲惨又迅速；安于恬淡生活的人，虽然滋味恬淡，却能长久。

点评：

纵览中国古代历史，那些攀附权贵的奸佞小人，一时间飞黄腾达、作威作福。然而他们一旦失去依靠，转眼就可能家破人亡，甚至牵连全族，灾祸来得迅速而又悲惨。而那些远离是非之地、坚守内心节操的人，他们生活过得平淡而安逸，却可以飘然远害，长长久久。

松涧携杖适意,竹窗高卧怡情

松涧边携杖独行,立处云生破衲;竹窗下枕书高卧,觉时月浸寒毡。

今译:

在松树掩映的山涧边上,拄着拐杖独自悠然漫步,身前身后涌起团团云雾,萦绕着我那破旧的僧袍;在凉爽宜人的竹窗下面,枕着书本酣然进入梦乡,舒舒服服从甜梦中醒来,如水的月光照在毡被上。

点评:

唐代诗人王维《终南别业》:"行到水穷处,坐看云起时。"宋代诗人苏轼《定风波》:"竹杖芒鞋轻胜马,谁怕?一蓑烟雨任平生。"对于在红尘中忙碌奔波的人来说,优哉游哉、闲云野鹤般的山林生活,自有一番难得的闲散之趣。在溪水边拄杖而行,任凭飘然而来的云雾包裹住衣裳;在竹窗下卧榻休息,不知不觉月光洒满了床榻。这样的宁静和恬适,是那些汲汲于名利的世人很难享受的生活。

色欲如火炽，名利似糖甜

色欲火炽，而一念及病时，便兴似寒灰；名利饴甘，而一想到死地，便味如嚼蜡。故人常忧死虑病，亦可消幻业而长道心。

今译：

色欲像火一般炽烈难以遏止，但一想到得病时的种种痛苦，立刻就会欲念消除心如死灰；名利像糖一般甘甜难以抗拒，但一想到死亡时的种种惨状，就觉得身外之物实在乏味。因此经常想想病与死的情形，就可以消除罪业而增长道心。

点评：

俗话说："色字头上一把刀。"纵欲则伤身，历史上因为荒淫贪色而早早丧命的帝王侯相比比皆是。所以，孔子告诫世人："少之时，血气未定，戒之在色。"人年富力强的时候，精力旺盛，只要多想一想纵欲伤身的后果，就会在男女之事上有所节制。同样，功名利禄令人向往，求之不得就会懊恼痛苦。这时不妨想想身后之事，那些紫衣玉袍、珠宝珍奇，哪一样能够带得走？当死亡来临的时候，人就不会沉迷于那些身外之物！

争先时路窄，退后时路宽

争先的径路窄，退后一步，自宽平一步；浓艳的滋味短，清淡一分，自悠长一分。

今译：

与别人抢道的时候，自然会觉得道路狭窄，让别人先走的时候，自然会觉得道路宽平；吃味道浓烈的食物，就会觉得腻味，吃味道清淡的食物，则会百吃不厌。

点评：

俗话说："忍一时风平浪静，退一步海阔天空。"人生需要积极进取、力争上游，也需要宽厚的胸怀、审时度势的洞见。人人争过独木桥的时候，往往是最危险的。所以，面对困境，该进则进，当退则退。给人方便，实是给己方便。生活有苦辣酸甜，咸有咸的味，淡有淡的味。有些人喜欢浓艳华丽的生活，岂知绚丽至极归于平淡！平平淡淡的生活，才是生活的本真。

忙处不乱性，死时不动心

忙处不乱性，须闲处心神养得清；死时不动心，须生时事物看得破。

今译：

若想忙碌的时候心性不乱，就必须在清闲的时候培养清醒的头脑；若想在死亡面前不感到恐惧害怕，就必须在活着的时候看透生命的玄机。

点评：

一个人临危不乱的定力，是在点点滴滴的日常生活中培养出来的。如果平日里心神弛散，事情临头时难免会惊慌失措。悠闲的时候，不放松对心志的砥砺，时刻保持头脑的清醒与敏锐，一旦出现了紧急的情况，也能从容淡定地应对。贪恋红尘的人，对死亡会有特别的恐惧。所以，人生在世，需要有看破生死的智慧。这样，当死亡来临时，就可以直面生死，坦然自在。

归隐无荣辱，得道泯炎凉

隐逸林中无荣辱，道义路上无炎凉。

今译：

隐居山林的人，就会超越人间一切荣耀和屈辱；走在道义的路上，就会消除人情冷暖和世态炎凉。

点评：

如果贪恋红尘中的富贵与功名，就容易在起起伏伏的境遇中患得患失；如果在名利的漩涡中你争我夺，就对世态炎凉人情薄冷分外敏感。有一副对联写道："晨钟暮鼓，警醒世间名利客；经声佛号，唤回苦海迷路人。"在喧嚣的红尘中，超越了物欲的泥流，就可以忘怀得失；坚定了求道的信仰，人赞人非又奈我何？

身在清凉台上，心居安乐窝中

热不必除，而除以热恼，身常在清凉台上；穷不可遣，而遣以穷愁，心常居安乐窝中。

今译：

天气的炎热无法改变，但像炎热一样的烦恼却必须去除，这时就会像置身在清凉台上一样凉爽无比；物质的贫穷难以摆脱，但由贫穷而产生的忧愁却必须遣除，这样就像生活在安乐窝中一样心满意足。

点评：

骄阳似火，比不及心头之火；穷途末路，又怎及万念俱灰。道家的哲人庄子说："哀莫大于心死。"人生最悲哀的事情，莫过于思想上的消极和绝望。外部的环境再恶劣也不可怕，重要的是自己如何来面对。身体上的炎热烦恼无法避免，心中欲火中烧，烦恼痛苦则务须根除。物质的贫穷并不可怕，精神的豁达才是真正的富有。孔子的弟子颜回，过着简陋的生活，别人受不了那种苦，他却乐在其中。用积极的态度去面对一切，幸福快乐的密钥就在自己的手中。

免触藩之祸,脱骑虎之危

进步处便思退步,庶免触藩之祸;着手时先图放手,才脱骑虎之危。

今译:

顺利发达的时候要想好退路,避免有进退两难的灾祸;得心应手时要留有余地,防止有骑虎难下的危险。

点评:

事业进展得一帆风顺、飞黄腾达的时候,一定要考虑到潜在的风险,给自己留好退路,避免像山羊的角被卡在篱笆里一样,进退两难,想抽身也抽不出来;在人生得心应手、左右逢源的时候,一定要有清醒的认识,知道在什么时候应当收手,否则就像一个人骑到了老虎的背上,想下来的时候为时已晚。

贪得者痛苦无限，知足者幸福无边

贪得者，分金恨不得玉，作相怨不受侯。权豪自甘乞丐；知足者，藜羹旨于膏粱，布袍暖于狐貉。编民不让王公。

今译：

贪得无厌的人，分到了金子还抱怨没有得到美玉，当上了宰相还嫌没有被封为王侯。本来是权贵豪门，偏偏把自己变成乞丐。知足常乐的人，喝着菜汤也觉得比山珍海味鲜美，穿着布袍也感到比毛皮大衣暖和。这样的平民百姓，心灵的富有程度超过了王公贵族。

点评：

贪得无厌的人，得寸进尺，得陇望蜀。他们的欲望犹如无穷的沟壑，怎么也填补不满。即便过着王公贵族般的生活，内心却如同乞丐一样，永远得不到满足。一个人之所以幸福，不是拥有很多，而是向外索求很少。珍惜拥有的一切，幸福就在眼前。人的贫穷或富有，不在于物质的多寡，而在于精神是否满足。

矜名不若逃名,练事何如省事

矜名不若逃名趣,练事何如省事闲。

今译:

虚浮地炫耀名声不如隐匿名声更显品格,熟练地处理事务不如减少事务更觉悠闲。

点评:

浅水喧哗,静水深流。一个有修养、有内涵的人,即使拥有了富贵功名,也不会以此作为炫耀的资本,自矜于名望声势,张扬跋扈,忘乎所以。相反,他能深刻地认清自己,用谦虚低调的态度回应世人的奉迎,保持本色与初心。"君子盛德,容貌若愚。"虚怀若谷,韬光养晦,是君子做人做事的态度。

自得之士,无喧寂,无荣枯

嗜寂者,观白云幽石而通玄;趋荣者,见清歌妙舞而忘倦。唯自得之士,无喧寂,无荣枯,无往非自适之天。

今译:

喜欢幽寂的人,看到天上的白云和山间的幽石,就能够感悟宇宙玄机;追求热闹的人,听闻清扬的歌声、曼妙的舞姿,就会忘记疲倦。怡然自得的修行人,既不喧嚣也不寂寞,既无痛苦也无烦恼,永远处于逍遥自在的境界。

点评:

人的性情不一,生活也各种各样。有些人喜欢幽静的生活,寄情于山水之间;有些人喜欢繁华热闹,在歌舞场里流连忘返。前者可以做个隐士,与青山绿水相伴,过清净悠然的生活;后者可以成就功名,在富贵名利场中,成就一番事业。对于悠然自得的通达之士来讲,山林隐逸生活、置身繁华红尘世界,不论是哪种生活方式,都没有区别,都可以活得开心惬意。这才是顶级的高人和功夫。

孤云无心出岫,圆月自在悬空

孤云出岫,去留一无所系;朗镜悬空,静躁两不相干。

今译:

孤云从山谷中飘了出来,或停或留无牵无挂;圆月像明镜般悬在夜空,照丑照美都没有分别。

点评:

晋代大诗人陶渊明《归去来兮辞》说:"云出岫以无心,鸟倦飞而知还。"风把云吹了出来,云就飘了出来;风吹到哪里,云就飘到哪里,绝不驻留。因缘成熟了能出仕为官,就出来做官,但并不贪恋名位。鸟儿在外面飞倦了,就回到巢穴中;人在官场上倦怠了,就回归到田园里。是去还是留,完全顺应因缘,没有丝毫的强求。智慧修炼到最高的境界,就是佛家的大圆镜智。当你的心像一面大圆镜时,国王站在面前你不会巴结,穷人站在面前你不会鄙夷;珠宝当前不去贪求,狗屎当前不去嫌弃。只是去感知,不去起分别之心。

浓处味常短，淡中趣独真

悠长之趣，不得于醲酽，而得于啜菽饮水；惆怅之怀，不生于枯寂，而生于品竹调丝。固知浓处味常短，淡中趣独真也。

今译：

悠长的趣味不是来自浓烈的美酒，而是来自清淡的豆羹清水等；惆恨的情怀不是来自平淡寂寞，而是来自繁华热闹的生活。浓烈的滋味容易消散，简淡的生活才显纯真。

点评：

浓烈的美酒，滋味浓郁却容易使人醉倒，不如清汤白水可以久饮不厌；纵情欲海、纸醉金迷的生活，短暂的享受可以调节身心，久处其中则令人沉迷，反倒不如粗茶淡饭，简朴而又纯真。烟花易冷，好景难常。人生的滋味，不在于高光时的美酒佳肴，而在于平凡之中的点点滴滴。

饥来吃饭倦来眠,眼前景致口头语

禅宗曰:"饥来吃饭倦来眠。"①诗旨曰:"眼前景致口头语。"盖极高寓于极平,至难出于至易;有意者反远,无心者自近也。

今译:

禅宗说:"饿了就吃饭,困了就睡觉。"诗的旨趣是:"用口头话言,写眼前景致。"最高深的道理往往存在于最平凡的事情里,最玄妙的东西往往存在于最平凡的地方。刻意追求它反而难以如愿,无心寻找它自然近在眼前。

点评:

明代哲学家王阳明作诗说:"饥来吃饭倦来眠,只此修行玄更玄。"吃饭睡觉是人生中最寻常简单的事情,可是这世上有太多的人,吃饭时不是吃饭,而是觥筹交错,胡吃海喝;睡觉时不是睡觉,而是满怀心事,辗转难眠。这世上的事,往往是"有意栽花花不发,无心插柳柳成荫。"着意追求,往往追不到手;无心钻营,反而自然到来。

---

①饥来吃饭困来眠:大珠慧海禅师语。明代王阳明诗:"饥来吃饭倦来眠,只此修行玄更玄。说与世人浑不信,却由身外觅神仙。"

水流境无声，山高云不碍

水流而境无声，得处喧见寂之趣；山高而云不碍，悟出有入无之机。

今译：

溪水流淌但水中的石头却悄无声息，由此体会到在喧闹的环境中保持寂静的意趣；山峰高耸而天上的云彩仍能自在飘过，由此领悟到脱离障碍进入空灵自由的禅机。

点评：

南朝诗人王籍的诗："蝉噪林愈静，鸟鸣山更幽。"蝉噪鸟鸣，不仅没有让人感到聒噪，反而更加衬托出山林的清幽。在喧嚣的红尘中保持静默的心境，是一份非常难得的修为。山峰再高峻，云彩仍然能够飘过；世事再繁杂，心灵仍然能自在自由。

心灵无染是仙都,心有牵挂成苦海

山林是胜地,一营恋便成市朝;书画是雅事,一贪痴便成商贾。盖心无染着,欲界是仙都;心有系恋,乐境成苦海矣。

今译:

山林本是隐居的好地方,但若有了私心杂念,山林也就转变成俗市;欣赏书画是高雅的行为,但若有了贪求和痴迷,就跟商人没有两样。只要心地纯真无染,即使在欲望涌动的地方,也如同置身在仙境;心中牵挂贪执太多,即使在快乐的环境里面,也和在苦海中生活一样。

点评:

禅诗说:"春有百花秋有月,夏有凉风冬有雪。若无闲事挂心头,便是人间好时节。"天地万物自有它的美好,就看我们自己是否有一双发现美的眼睛。心若能安住,哪里都是故乡;心若不能安住,哪里都如笼牢。山林、书画,对于修道的君子而言,是挚友,是伴侣,是清净淡泊,是自在安闲;而对熙熙攘攘的名利客来说,是圈子,是商机,是尔虞我诈,是你争我夺。可见,雅俗的品位不在于事物本身,而在于我们的心灵境界。

闹时忘所记，静时现所忘

时当喧杂，则平日所记忆者，皆漫然忘去；境在清宁，则夙昔所遗忘者，又恍而现前，可见静躁稍分，昏明顿异也。

今译：

当你处在喧闹嘈杂的环境中，则平时脑子里所记忆的东西，都会模模糊糊忘得干干净净；当你处在清静安宁的环境中，那么以前忽然间忘掉的东西，又会清清楚楚浮现在脑海里。可见人的心境是宁静还是浮躁，直接决定他的头脑是否清醒。

点评：

性情急躁的人做起事来毛手毛脚，粗心大意，常有疏漏而不以为意。性情沉静的人心思也大多缜密，做起事情来认真严谨，容易成功。《礼记》说："清明在躬，气志如神。"一个人内心的平和与宁静，会带来智识上的清明。清朝翁同龢说："每临大事有静气。"一个人临危不乱的定力，就从他持静的功夫中表现出来。

保全天地和气，远离万丈红尘

芦花被下，卧雪眠云，保全得一窝夜气；竹叶杯中，吟风弄月①，躲离了万丈红尘。

今译：

以芦花作被，以雪地作床，以云彩作帐，可以滋养天地之间产生美好心念的和气；持着竹叶杯，吟咏着清风，玩赏着明月，远远地离开了那喧嚣的万丈红尘。

点评：

北宋欧阳修《醉翁亭记》说："山水之乐，得之心而寓之酒也。"游山玩水的意趣，贵在一颗悠闲自在的心灵。自然山水中没有人世的虚伪与狡诈。在山水中流连忘返，卧云眠月，绝尘超俗，真可谓"风景这边独好"！

---

①吟风弄月：指吟诗作赋之类的文学创作活动。

浓不胜淡，俗不如雅

衮冕行中，著一藜杖的山人，便增一段高风；渔樵路上，著一衮衣的朝士，转添许多俗气。固知浓不胜淡，俗不如雅也。

今译：

在达官显贵中，如果有一位手执木杖的山中隐士，便可增加一片清高风采；在渔民樵夫里，如果有一位身穿官服的显贵，陡然间增加一丝庸俗之气。可知浓艳不如清淡，庸俗不如高雅。

点评：

不论古今中外，政治舞台上总是布满荆棘，而且处处都是陷阱。那些华贵的官服之下，究竟有多少纯净的灵魂？山中野夫，简简单单地生活，容易保有一段做人的纯真。这种纯真的人情，是做人必不可少的品质与气节。在一群道貌岸然的显贵中，如果有一位清新自然的修道之人，自可增添一段真趣；在一群纯朴的乡野村夫中，如果来了一位冠冕堂皇的官人，看起来却是那么俗不可耐。

出世在涉世中，了心在尽心内

出世之道，即在涉世中，不必绝人以逃世；了心之功，即在尽心内，不必绝欲以灰心。

今译：

超凡脱俗的方法，要在世俗红尘中修炼，不必刻意隔绝人世远远地逃遁到山林里；了悟心性的功夫，要在尽心做事中体会，不必完全断绝欲念使形如槁木心如死灰。

点评：

禅宗慧能大师说："佛法在世间，不离世间觉。"佛法是人世间的佛法，求证佛法离不开人世生活。大千世界，繁华无边。心中有佛，则处处是佛。遁世求佛，了不可觅。所以说世外无法，历事炼心。

闲中无荣辱，静里绝是非

此身常放在闲处，荣辱得失，谁能差遣我；此心常安在静中，是非利害，谁能瞒昧我。

今译：

经常使自己的生活保持着闲暇自在，对世上的荣辱得失，就不会牵挂在怀；经常使自己的心灵保持着平静淡定，对红尘的利害是非，就看得清楚明白。

点评：

贪图功名富贵的人，置身于荣辱得失、是非利害当中，常常患得患失、难以安眠。这样的生活状态使人煎熬，令人忧劳。因此，身处红尘，应当有一段云水般的闲情，将名利看得淡一些，才不会被物欲所缠缚；让心灵保持宁静，是是非非自然会看得明明白白。

云中世界美,静里乾坤长

竹篱下,忽闻犬吠鸡鸣,恍似云中世界;芸窗①中,雅听蝉吟鸦噪,方知静里乾坤②。

今译:

当你正在竹篱笆外面欣赏林泉之胜,忽然传来一声鸡鸣狗叫,就宛如置身于一个虚无缥缈的快乐神话世界之中,当你正静坐在书房里面读书,忽然听到蝉鸣燕语,你就会体会到宁静中别有一番超凡脱俗的天地。

点评:

三国名相诸葛亮讲:"非宁静无以致远。"不论是圣贤还是凡俗,都可以在宁静的境界中,培养灵智。竹篱下,书房里,自有一番清幽安宁的景致。听到了犬吠鸡鸣,蝉吟燕语,不知不觉间叩动了心弦。在恍如仙境的山水之中和书房里面,宁静的境界蕴藏着气象万千。

---

①芸窗:指代书房。芸,古人藏书用的一种香草。

②乾坤:天地。杜甫《江汉》:"江汉思归客,乾坤一腐儒。"

贪荣忧利诱,争竞畏宦危

我不希荣,何忧乎利禄之香饵?我不竞进,何畏乎仕宦之危机?

今译:

我不希望追求荣华富贵,又怎么会吞下名利官禄的诱饵?我不想升官发财,又何须担心官场的陷阱危机?

点评:

天下熙熙,皆为利来;天下攘攘,皆为利往。名利场中,潜藏着巨大的灾祸,但遭灾逢厄,都是咎由自取。如果那条鱼儿不去贪图一时的美味,又怎么会上钩?如果一个人不去贪图名利富贵,又怎么会有宦海沉浮?所以,要想平安地度过一生,就要老老实实做事,本本分分做人,积累福报,才能长长久久,平平稳稳。

不玩物丧志,常借境调心

徜徉于山林泉石之间,而尘心渐息;夷犹于诗书图画之内,而俗气潜消。故君子虽不玩物丧志,亦常借境调心。

今译:

徜徉在山林泉石间,尘心就会渐渐地止息;沉浸在诗书图画内,俗气就会暗暗地消隐。所以君子虽然不沉溺于外境而丧失志向,但也常常借助外境来调节心灵。

点评:

古人常说:"近朱者赤,近墨者黑。"无论是结交朋友,还是布置家居环境,温馨高雅的外部环境,总是能够陶冶一个人的情操,改变一个人的气质。徜徉山水,赋诗作画,可以颐养性情,陶冶身心。所以,先贤荀子讲:"君子居必择乡,游必就士,所以防邪僻而近中正也!"就是这个道理。

春到百花美，秋来万象清

春日气象繁华，令人心神骀荡，不若秋日云白风清，兰芳桂馥，水天一色，上下空明，使人神骨俱清也。

今译：

春天万象更新百花齐放一派繁华的景致，使人精神畅逸心旷神怡；但是却不如秋天秋高气爽，白云飘飞，兰花馥郁，桂花飘香，秋水连天天连水，水天一色，天地之间澄澈清明，使人的身体和精神，都爽朗无比，轻快异常。

点评：

人们喜欢春天，是因为春天万物复苏，鸟语花香，充满了勃勃生机。人们喜欢秋天，是因为秋天意味着成熟和收获，更何况天气清明，令人神清气爽。人的一生也如同四季。春季是少年，秋季已成年。成年人历经了种种世事，收获了智慧与稳健，再回过头来看青春年华，不免感觉有几分青涩。在这个意义上，可以说，春日繁华，不若秋日清明。但是，如果没有青涩的春季，又哪有稳健的秋天？正因为青涩，所以才无悔。

一字不识有诗意，一偈不参悟禅机

一字不识而有诗意者，得诗家真趣；一偈①不参而有禅味者，悟禅教玄机②。

今译：

有的人一字不识说话却充满了诗意，这才是真正得到了诗家的趣味；有的人一偈不参做事却流露着禅味，这才是真正悟出了禅学的深妙玄机。

点评：

生活是一部大书，既有有字的经典，也有无字的经典。禅宗主张"不立文字，见性成佛"，认为生命的灵性不在于是否识字，而在于是否见到本心本性。用一颗至善的心去品读生活，即使是大字不识一个，也仍然能感悟生活的美好，心中充满了诗情画意；用一颗至诚的心来面对生活，不以物喜，不以己悲，随缘自在，自有一股禅家的风度。

---

①偈：佛经中的唱词和诗句。
②玄机：深不可测的道理。

机重有杀气，念息见真机

机重的，弓影疑为蛇蝎，寝石视为伏虎，此中浑是杀气；念息的，石虎可作海鸥，蛙声可当鼓吹，触处俱见真机。

今译：

心性狡诈的人，看到杯中的弓影就会认为是蛇蝎，看到草中的石头就认为是潜藏着的老虎，到处都是杀气；邪念止息的人，把老虎形状的石头看作海鸥，把聒噪的蛙鸣当作管弦乐奏，处处都看到生机。

点评：

佛家讲："万法唯识。"善恶就在一念之间。胸怀坦荡，光明磊落，心存善念，人间就是天堂，把怪异的石头看成是温顺的海鸥，把聒噪的声音也当成是美妙的音乐；好用心机的人，心存恶念，机心重重，以小人之心度君子之腹，世界就成了地狱，他人就像是魔鬼。

身如不系之舟，心似既灰之木

身如不系之舟①，一任流行坎止；心似既灰之木，何妨刀割香涂②。

今译：

身体像没有系上缆绳的小船，一任漂流或者静止；心灵像是已经烧成灰的木头，刀割香涂统统都不在乎。

点评：

宋代大诗人苏东坡临终前，感叹自己漂泊的一生是"心似已灰之木，身如不系之舟"，意思是心灰意冷好像是烧成灰的木头，身体漂泊不定好像是没有系缆绳的小舟。在表面的消沉中，隐藏着骨子里的孤傲和自负。身体无拘无束，是漂泊还是驻留都不必介意；心灵自由自在，别人对我是赞誉还是诋毁又何必在乎。

---

①不系之舟：喻自由自在。语出《庄子·列御寇》。

②刀割香涂：用刀子割身体，用香涂身体。禅者定力深厚，对这二者等面视之。《永嘉集》："身与空相应，则刀割香涂，何苦何乐？"释迦牟尼佛在因地修行时，被歌利王用刀割截肢体，但佛陀早已证得了身空，没有起任何嗔恨，而是慈悲地发大誓愿去救度他。

去除偏私之心，万物皆美丽

人情听莺啼则喜，闻蛙鸣则厌，见花则思培之，遇草则欲去之。俱是以形气用事。若以性天视之，何者非自鸣其天机，自畅其生意也？

今译：

人之常情是听见莺啼声就喜欢，听到蛙鸣声就讨厌，世之常态是看到花就想去养护，看到草就想去清除，这些都是看了外表皮相，凭着感官意气用事。如果从大自然的本性来看，哪一种声音不是美妙的声音，哪一种花儿不是充满着生机？

点评：

生活中，人们很容易用自己的成见来判断是是非非。听见莺啼就感到高兴，听见蛙鸣就感到厌恶，看见花儿就爱不释手，遇到小草就动手拔除。这样的行为不过是受到了主观情绪的影响，并不能说明真正的物是物非。对于智者而言，要修炼出不受物扰的平等之心。用平等心处世，看见任何一物都会感到欢喜。

任幻形凋谢,识自性真如

发落齿疏,任幻形①之凋谢;鸟吟花开,识自性之真如②。

今译：

人到了头发脱落、牙齿松动的年纪,只好任由躯体衰老凋零;回首鸟儿欢唱、繁花盛开的青春时光,应感悟生命中永恒不变的本心本性。

点评：

生老病死是人生必然要经历的阶段。有生必有死,有盛必有衰,花开花谢,物生物死,都是不可避免的自然规律。人的身体不过是因缘和合幻化而成的,所以应该坦然地面对衰老和死亡,不必因为身体的衰老而过度悲伤。重要的是过好每一天,珍惜现在的美好时光。

---

①幻形：佛教认为人的躯体是地、水、火、风假合而成,无实如幻,所以叫幻形或幻身。《圆觉经》有"幻身灭故幻心亦灭"。

②真如：佛家语,指永恒不变的真理,《唯识论》中有"真为真实,显非虚妄;如谓如常,表无变易。谓此真实于一切法,常如其性,故曰真如"。

欲深者浑身躁动，心静者透体清凉

欲其中者，波沸寒潭，山林不见其寂；虚其中者，凉生酷暑，朝市不知其喧。

今译：

欲火中烧的人，好像在寒潭中生起了欲望的波涛，即使置身山林里，心中也无法平静；无欲无求的人，好像酷热的夜晚生起了凉爽，即使处身于热闹的集市，也不会有嘈杂和喧嚣。

点评：

一个人的内心充满贪欲，就会心浮气躁，即使身处幽静的山林，也很难享受安宁。相反，一个人的内心淡泊，就会涵养清凉的心境，即使身处闹市也不觉喧嚣，即使身处酷暑也不觉闷热。

多藏厚亡,高步疾颠

多藏者厚亡,故知富不如贫之无虑;高步者疾颠,故知贵不如贱之常安。

今译:

财富聚敛得越多,失去时损失也越大,可见富人不如穷人无忧无虑;官职越高,跟头会栽得越大,可见权贵不如平民过得安心。

点评:

一个人财富聚敛得越多,身处的位置越高,风险就越大,失败了后果就越惨。富贵之家,在享受财富的同时,往往因财富而生起的忧虑也多,反不如贫穷人家那样没有忧虑;官宦之士,爬得越高,跌得就越重,反不如平民一般平平安安。有智慧的人,看透了其中的道理,就不会在财富和权势中迷失了自己。纵使财富不多,仕途失意,心里也照样欢喜。

晓窗读易,午案谈经

读易晓窗,丹砂研松间之露;谈经午案,宝磬宣竹下之风。

今译:

清晨坐在窗边研读《易经》,用松叶的露珠研磨朱砂红墨,用来批阅评点;中午在书桌前诵读佛经,竹林里清风吹来,将清脆的磬声传至远方。

点评:

世界是多彩的,每一种生活,都有它的精彩与韵致。中国古代人崇尚的超越红尘、隐逸修性的生活,一直是充满东方智慧的一种让全世界景仰的人生范式。正因为这世界充满了喧嚣,所以才分外需要宁静。青灯古佛、暮鼓晨钟的生活,有着红尘世界中难有的宁静与平和。与诗书相伴,在经声佛号中感悟生命,远离红尘的是是非非,真是好一派神仙姿态!

花居盆内乏生机，鸟入笼中减天趣

花居盆内，终乏生机；鸟入笼中，便减天趣。不若山间花鸟，错集成文，翱翔自若，自是悠然会心。

今译：

花被栽在盆里就缺乏自然生机，鸟被关进笼中就少了天然情趣；不如山间的花鸟，花纹美丽，飞翔自如，令人悠然会心神游天外。

点评：

道家追求生命的自由与逍遥，将尘世的规矩看成是砍伐天性的刀斧。战国时期，楚威王派使者请庄子出山为相。庄子问使者："一只神龟是愿意被人杀死，尊奉在宗庙之上当作占卜之用的道具？还是愿意保留性命，在污泥里游来游去？"使者回答："当然是愿意保留性命在污泥中游来游去了。"庄子说："那么，请您回去吧，我还是愿意在污泥里自由自在地游来游去。"笼中的鸟叫得再欢，却失去了在大自然中翱翔的自在与生趣。尘世中的人活得再风光，却没有了人性中的纯朴与惬意。

不知有我物不贵，知身非我愁不侵

世人只缘认得"我"字太真，故多种种嗜好，种种烦恼。前人云："不复知有我，安知物为贵？"又云："知身不是我，烦恼更何侵？"真破的之言也。

今译：

只因世俗之人把我看得太重，才会产生千般嗜好万种烦恼。古人说："假如已经不知道有我的存在，又如何能知道外物的可贵呢？"又说道："假如明白就连身体也非我有，还有什么样的烦恼能侵害我？"真可以说鞭辟入里切中要害。

点评：

佛家认为，人生之所以有烦恼痛苦，究其根源在于"我执"。人总是把自己看得过重，执着于追求自己的私心贪欲，欲望满足了便心生欢喜，欲望得不到满足就懊恼痛苦。佛说："万般带不走，唯有业随身。"当生命行将结束的时候，除了自己种下的种种因果，其他什么也带不走。所以，一个悟透了生命奥秘和宇宙玄机的人，会毅然决然地破掉对我的执着，感悟到身外之物皆为虚幻，不会再执着于外物，不会再生起种种烦恼，这样的生命，就是开悟的生命。这样的生命，是多么轻松美好！

以失意之心，消得意之念

自老视少，可以消奔驰角逐①之心；自瘁视荣，可以绝纷华靡丽之念。

今译：

用年老时的心态来看年轻时，就能够消除追名逐利的心理；用没落时的心态来看荣华时，就可以消除追求荣华的念头。

点评：

中国古典四大名著之一的《红楼梦》里，有一首《好了歌》，其中说："世人都晓神仙好，唯有功名忘不了。古今将相在何方？荒冢一堆草没了！"世人奔走于江湖，汲汲于功名利禄，为加官晋爵、升官发财忙碌一生。然而当无常到来时，那些金银珠宝、富贵荣华，没有一样能随身携去。历经世事的沧桑，看人间如梦幻一场。那些少年的意气与峥嵘，那些曾经的繁荣与奢华，都会成为过往，因此，身处其境，又何必苦苦执着彷徨？

---

①奔驰角逐：指拼命争名夺利。

人情变化万端，不宜过于执着

人情世态，倏忽万端，不宜认得太真。尧夫云："昔日所云我，而今却是伊。不知今日我，又属后来谁？"人常作是观，便可解却胸中罥①矣。

今译：

人情冷暖世态炎凉，错综复杂瞬息万变，所以通达的人对此不要过于认真。宋代的大儒邵雍说："以前所谓的我，如今却变成他；不知今天的我，到头来又变成谁？"一个人如果能经常有这种看法，自然能够消除心中的一切烦恼。

点评：

天地有万古，人生只百年。世事变化无常，人又何必将那些变幻莫测的升沉得失、世态人情认得太真、看得太重？昨天发财的是"我"，今天破产的也是"我"；昨天升官的是"我"，今天倒台的还是"我"。这个"我"变来变去，实际上都不是真我。既然不是真的我，又何必苦苦执着？

---

①罥：结，牵系。

热中持冷眼，冷处存热心

热闹中着一冷眼，便省许多苦心思；冷落处存一热心，便得许多真趣味。

今译：

在热闹中保持冷静，便可省去许多烦恼；在落寞的时候保持热心肠，便可产生许多真趣味。

点评：

人生得意的时候，切莫忘乎所以，须知"富贵而骄，自遗其咎"。要保持头脑的清醒与冷静，以免爬得高跌得重，到头来一场欢喜一场空；人生失意的时候，也不要垂头丧气，"留得青山在，不怕没柴烧"。只要信念不失，奋斗不止，总是能雄风重振，东山再起！

寻常家饭,安乐窝巢

有一乐境界,就有一不乐的相对待;有一好光景,就有一不好的相乘除①。只是寻常家饭,素位②风光,才是个安乐的窝巢。

今译:

有一个快乐的境界,就有不乐的境界来比较;有一个美好的光景,就有不好的光景来抵消。可见有乐必有苦,有好必有坏。只有普通的家常便饭,以及纯朴风光,才是真正安乐的归宿。

点评:

好花不常开,好景不常在,美好的光景从来都是匆匆即逝,只留下满怀的怅惘;乐极生悲,欢尽苦来,盛大的狂欢之后,难掩随之而来的孤独寂寞。所以,与其过大起大伏、大悲大喜的生活,还不如在平平淡淡之中,持守一片祥和。

---

①乘除:消长。

②素位:安于本分,不做分外妄想。《中庸》:"君子素其位而行,不愿乎其外。"

识乾坤之自在,知物我之两忘

帘栊①高敞,看青山绿水吞吐云烟,识乾坤之自在;竹树扶疏,任乳燕鸣鸠送迎时序②,知物我之两忘。

今译:

卷起窗帘,欣赏青山绿水白云萦绕,让人感悟到大自然是多么的美好自在;翠竹树木摇曳生姿,乳燕与鸣鸠迎送冬去春来,从而体悟到万物与我合一的浑然境界。

点评:

道家追求天人合一的境界,将自然山水视为寄托生命的理想国。宋代大诗人苏轼在《前赤壁赋》中说:"惟江上之清风,与山间之明月,耳得之而为声,目遇之而成色,取之不尽,用之不竭。"(耳朵听到了江上的清风,就成了天籁般的声音;眼睛看到了山间的明月,就成了美妙的景色。这是大自然馈赠给我们的礼物,取不尽,用不完。)大自然的景色,是这样的宁静祥和美好,令人心驰神往。在红尘中奔波忙碌的人,不妨抽一些时间,回归山水之间,在青山绿水、鸟语花香中,获取心灵的慰藉和滋润。

---

①栊:宽大的有格子的窗户。

②乳燕鸣鸠句:燕与鸠都是候鸟,秋天南飞,春天北飞。此代表春秋季节变换。

求成之心莫太坚，养生之道贵自然

知成之必败，则求成之心不必太坚；知生之必死，则保生之道不必过劳。

今译：

知道有成功就必然有失败，万事就不必一定要成功；知道有生长就必然有死亡，对养生就不必过于去追求。

点评：

人生的道路有平坦也有崎岖，事业的道路有高峰也有低谷。有得必有失，有成也有败。面对得与失，成与败，荣与辱，贫与富，心灵的格局一定要放大放稳和放宽。有了成就置身辉煌却不自满，有了失败遭遇挫折也不气馁。看待生生与死死，也是同样的道理。

竹影扫阶尘不动,月轮穿沼水无痕

古德云:"竹影扫阶尘不动,月轮穿沼水无痕。"①吾儒云:"水流任急境常静,花落虽频意自闲。"人常持此意,以应事接物,身心何等自在。

今译:

古代的高僧大德说:"竹子被清风吹动,竹影在台阶上掠过,可台阶上的尘土,并没有因此而飞动;月轮高挂在天上,月影投映到了水里。可池水依然清静,并没有留下月痕。"儒家学者说:"不论水流得多急,我的心依然宁静;花瓣虽纷纷凋落,我的心却依然安闲。"人用这样的心境待人接物,身心是何等的自在。

点评:

红尘扰扰,声色纷纭,对人的诱惑可谓无处不在,道家的哲人老子在《道德经》中说:"绚丽的色彩让人眼花缭乱,繁复的音乐让人耳朵变聋,刺激的味道让人失去味觉。(五色令人目盲,五音令人耳聋,五味令人口爽)"面对红尘的诱惑,不论是儒家、道家还是佛家,都主张保持心灵的静定。只有超越了感官的诱惑,才能活出自在的人生。超越了声色就是仙佛,被声色缠缚就是凡人。

---

① 竹影扫阶尘不动,月轮穿沼水无痕:这是唐代雪峰和尚的上堂语。见《五灯会元》卷六。

识天地自然鸣佩，见乾坤最上文章

林间松韵，石上泉声，静里听来，识天地自然鸣佩①；草际烟光②，水心云影，闲中观去，见乾坤最上文章。

今译：

林里松树的韵致，石上山泉的声音，用宁静的心来感应，就知道这是大自然的美妙乐音；草上的烟光，湖心的云影，用闲适的心来欣赏，就知道这是大自然的最美文章。

点评：

唐代诗人李涉的诗说："因过竹院逢僧话，偷得浮生半日闲。"世间名利客与方外高人的区别，就在于前者一生中总是在为名利奔波忙碌，而后者却能安然自在地享受天地间最美的情致。水光山色很美很美，天天呈现在你的眼前，关键是你有没有欣赏它的情怀与品位。一花一世界，一叶一菩提。放下你的红尘俗心，让我们一起去欣赏，这天地间最美妙的声音，这乾坤里最美的文章。

①鸣佩：古时仕女常用美玉系在衣带上作为饰物，行走时玉石相击触发出清脆的声响。

②烟光：形容天地间迷蒙的景色。

猛兽易伏心难降,溪壑易填心难满

眼看西晋之荆榛,犹矜白刃;身属北邙①之狐兔,尚惜黄金。语云:"猛兽易伏,人心难降;溪壑易填,人心难满。"信哉!

今译:

西晋末年眼看就要发生亡国大祸,可是高官贵族还在那里炫耀武力;汉代皇族死后大多数葬在北邙山,可是未死之前还在那里聚敛财富。俗谚说:"野兽虽易制伏,人心却难降服;沟壑虽易填平,人欲却难满足。"确实如此!

点评:

外魔容易击退,心魔难以根除。人的这一生,就是一场修行,修行的要害,就是克制自己内心的执念与贪欲,就是《金刚经》中所说的"降伏其心"。面对红尘中的权势、财富的致命诱惑,唯有培养起坚定的出离心,才能看破世间虚幻,破除执着迷惘。在了无挂碍的心境中,获得生命的安定与祥和。

---

① 北邙:洛阳以北有山曰北邙,从汉代开始富贵人家死后多葬在此山。

心地上无风涛,性天中有化育

心地上无风涛,随在皆青山绿水;性天①中有化育,触处见鱼跃鸢飞②。

今译:

心湖中不起风浪波涛,到处都是青山绿水的美景;本性中保存慈心爱意,到处都有鱼跃鸢飞的生机。

点评:

生活的情趣源自内心的感受,一切外境都是自身的投影。内心阴云密布,看青山不免增几分愁容;内心阳光灿烂,看绿水自是悠悠。同样,内心充满仇恨,看万物便杀气腾腾;内心慈爱欢喜,看世界到处都充满生机。

---

①性天:本性,天性。化育:指自然界生成万物。此指先天善良的德性。《礼记·中庸》:"赞天地之化育。"

②鱼跃鸢飞:喻自由自在的活泼生机。《诗经·大雅·旱麓》:"鸢飞戾天,鱼跃于渊。"

利欲驱人万火牛，达人应自适其性

峨冠大带①之士，一旦睹轻蓑小笠②飘飘然逸也，未必不动其咨嗟；长筵广席③之豪，一旦遇疏帘净几悠悠焉静也，未必不增其绻恋。人奈何驱以火牛④诱以风马⑤，而不思自适其性哉？

今译：

头戴高冠腰束玉带的达官贵人，偶尔看到身穿蓑衣斗笠的平民飘然安逸，难免会发出无官一身轻的感叹；终日周旋于奢侈宴席间的富豪，一旦看到通风门帘与明净几席恬淡宁静，不由得会产生留恋之感。为什么要被欲望所驱使，而不去过适合本性的生活？

点评：

在红尘中奔波忙碌的世人，纵然表面上拥有显赫的地位，过着富足的生活，然而真正幸福的能有几人？官职和财富可以在人前炫耀，而内心的苦楚该向谁倾诉？用失去自由的代价，用压抑天性的方法，来换取世人眼中的充满光环的生活，显然是不足效，不足取。

---

①峨冠大带：高冠与宽幅之带，为古代高官所穿的朝服。

②轻蓑小笠：蓑指用草或蓑叶编制的雨衣，笠是用竹皮或竹叶编成用来遮日或遮雨的用具。喻平民百姓的衣着。

③长筵广席：形容宴客场面的奢侈豪华。

④火牛：喻放纵欲望，追逐富贵。典出《史记·田单列传》。宋代陆游诗曰："利欲驱人万火牛，江湖浪迹一沙鸥。"

⑤风马：发情的马。此喻欲望。

置身红尘而忘世，超脱物累乐天机

鱼得水逝①，而相忘乎水；鸟乘风飞，而不知有风。识此可以超物累，可以乐天机。

今译：

鱼只有在水中才能逍遥地游，但是它却忘记自己置身水中；鸟只有借风力才能自由地飞，但是它却不知自己置身风里。如果能看清这里面的道理，既可以超然于物欲的诱惑，又可以享受真正的人生乐趣。

点评：

鱼在水中自在地游，鸟在天上逍遥地飞。鱼儿不曾意识到置身水中，既不会为水少而担忧，也不会为水多而欣喜。鸟儿不知有风，不因风来而奋翅，也不因风去而驻足。人在尘世上，也像鱼在水中游，鸟在天上飞。水中和天上，就是我们生存的环境和条件。惬意的生活离不开种种环境和条件，要和这些环境和条件打成一片，善用它又不执着于它，让心灵不为外物所奴役，才能享受到真正的人生乐趣。

①逝：游，行。

盛衰无常,强弱安在

狐眠败砌,兔走荒台,尽是当年歌舞之地;露冷黄花,烟迷衰草,悉属旧时争战之场。盛衰何常?强弱安在?念此令人心灰!

今译:

狐狸在荒废的台阶上睡觉,野兔在废弃的亭台上出没,这都是当年歌舞升平的地方;黄菊在寒风凉露之中发抖,枯草在悲烟愁雾里面摇曳,这都是古代英雄争霸的战场。兴衰成败竟是如此的无常,强弱胜负又到底在何方?每当想起这世间荣枯迁谢,就使人万念俱灰无限感伤!

点评:

《红楼梦》里《好了歌》唱道:"陋室空堂,当年笏满床;衰草枯杨,曾为歌舞场。"当年的王侯相府、歌池舞场,转眼间物去人散,只剩下陋室空堂,衰草枯杨。唐代诗人刘禹锡感叹:"旧时王谢堂前燕,飞入寻常百姓家。"曾经那些声势显赫的达官显贵,如今却早已湮没在历史的风尘当中,只留下一堆荒冢枯骨。人生本无常,盛衰成败又何必苦苦挂念!

宠辱不惊,去留无意

宠辱不惊,闲看庭前花开花落①;去留②无意,漫随天外云卷云舒。

今译:

对恩宠和羞辱都不去在意,悠然自得地欣赏庭院前花开花落。对于是离开还是驻留都毫不在意,逍遥自在地观看天空里浮云卷舒。

点评:

人生在世,很难一帆风顺。官场少有常青树,财富总有用尽时。大多数情况下,失落比成就多,喜悦比痛苦少。面对生活中的种种情形,能修炼到宠辱不惊、去留无意,磨砺出一任花开花落、云卷云舒的自在与悠然,才是高人境界,达者情怀。庭前花开如宠花落似辱,都是自然的现象,又何必缠怀于喜和怒?天际云卷如留云舒似去,毫无勉强的心理,又何必纠结去和留?

---

①明屠隆《娑罗馆清言》卷上亦云:"春来尚有一事关心,只在花开花谢。"

②去留:去是退隐,留是居官。

不行坦途走绝路,飞蛾投火鸱嗜鼠

晴空朗月,何天不可翱翔,而飞蛾独投夜烛;清泉绿卉,何物不可饮啄,而鸱鸮①偏嗜腐鼠。噫!世之不为飞蛾鸱鸮者,几何人哉?

今译:

晴空万里皓月当空,哪里不能自由飞翔?可飞蛾偏要投火自取灭亡!清冽泉水翠绿瓜果,什么不能填饱肚子?可猫头鹰偏要吃腐臭的死鼠。唉!人生在世,不像飞蛾和猫头鹰那样荒唐的,又能有几个呢?

点评:

人作为万物的灵长,却常常干出极其愚蠢的事,就像飞蛾扑火自焚,就像猫头鹰吃死老鼠!常言说:"莫伸手,伸手必被捉。"明明知道这个道理,却把持不住自己,有多少人因为贪心而刀口舔蜜,铸下了大错,最终身陷囹圄,自取灭亡。天堂有路不去走,地狱无门偏要钻。人如果不能提升灵魂的品格,控制内心的贪欲,不是在地狱的里面,就是在通往地狱的路上。

---

①鸱鸮:猫头鹰。嗜鼠典出《庄子·齐物论》。

超越语言文字,不粘佛法禅理

才就筏便思舍筏①,方是无事道人②;若骑驴又复觅驴③,终为不了禅师。

今译:

刚刚踏上了船筏,就想着在过河后把船筏抛弃,这才是不为文字所牵累的悟者;已经骑着一头驴,却不知身在驴上而又去找驴,终究是难以获得解脱的禅师。

点评:

《金刚经》说,佛陀的教导,好像是一只筏子,只是为了帮助你过河。过了河之后,就要把筏子舍去,不能把筏子背在身上。真正觉悟的人,不会纠缠佛法的文辞句眼。有这样的悟境,才是心中无牵无挂的修道人。禅宗说,骑在驴子身上去找驴很荒唐,自身本有佛性还去外面寻的,荒唐程度也和骑驴找驴一样。心中有佛却不自知,就是最大的愚痴。真理不要向外求,就在自己的心中。

①筏:竹制的渡河工具。筏是用来载人渡河的,渡过河之后就要将它舍去。犹如指是用来指月的,如果见到了月亮,就可以忘却指的存在。《金刚经》:"知我说法,如筏喻者。"

②无事道人:不为事物牵累而悟道的人。《碧岩录》二十五则:"便请高挂钵囊,拗折拄杖,管取一员无事道人。"

③明代陈实《大藏一览》:"参禅有二病,一是骑驴觅驴,一是骑不肯下。"骑驴觅驴比喻愚人不知自身本纯真人性而更欲向外寻找。南朝·宝志《大乘赞》:"若欲有情觅佛,将网上山罗鱼。不解即心即佛,真似骑驴觅驴。"禅宗强调息妄显真,直指人心,明心见性,离此宗旨向外求觅解脱之道,便是骑驴觅驴,或骑牛觅牛。《传灯录》九载,福州大安禅师访百丈怀海禅师,问:"学人欲求识佛,何者即是?"百丈当即呵斥:"大似骑牛觅牛。"大安日后有悟,复问:"识后如何?"百丈即答:"如人骑牛至家。"宋代黄庭坚《寄黄龙清老》亦有"骑驴觅驴但可笑"之语。

冷眼观成败,冷情看是非

权贵龙骧,英雄虎战。以冷眼视之,如蚁聚膻,如蝇竞血;是非蜂起,得失猬兴。以冷情当之,如冶化金,如汤消雪。

今译:

达官贵人像龙飞般气概威武,英雄好汉像虎斗般一决雌雄。如果用冷眼来旁观这种情形,就如同蚂蚁聚集到膻腥周围,又好似苍蝇争血聚集到一起,都足以让人感到万分恶心;是非成败如群蜂飞舞般涌起,穷通得失如刺猬针毛般密集。如果用冷静的头脑来观察这种局面,就如同金属在熔炉里面冶炼,又好似雪花碰到沸水而融化,都能够令人觉得心灰意冷。

点评:

古人讲:"春秋无义战。"历史上的金戈铁马,造就了不尽的英雄豪杰,但也留下了无数的荒坟野冢。冷眼静观历史风云,龙争虎斗、逐鹿中原,大多会招致生灵涂炭的结果。元代的文人张养浩感叹说:"兴,百姓苦;亡,百姓苦。"权贵之间在你争我夺,平民百姓在遭难受苦。看透了这些,再看那些权贵英雄、是非得失,都如梦幻泡影,浮云随风。

生命既可悲，生命亦可爱

羁锁于物欲，觉吾生之可哀；夷犹①于性真，觉吾生之可乐。知其可哀，则尘情立破；知其可乐，则圣境自臻。

今译：

被物质欲望束缚住了，会觉得生命很可悲；悠游在纯真的本性中，才觉得生命很欢乐。知道生命的可悲，尘世的欲望就立刻可以消除；知道生命的欢乐，神圣的境界就自然能够达到。

点评：

生命中如果只剩下物质和欲望，到头来两手空空带不走，这样的人生是可怜的。因为这类人终日被物欲所困扰，过着身不由己的生活，天天在痛苦中打转。知道生命的可哀，悬崖勒马，幡然醒悟，就会发现在物欲之外，还有别样的生活。感恩惜缘，活在当下，善用其心，善待一切，就可以从污浊的层次，升华到神圣的境界，感受生命的丰盈与圆满。

---

①夷犹：从容自得。

雪消炉焰冰消日,月在青天影在波

胸中既无半点物欲,已如雪消炉焰冰消日;眼前自有一段空明,时见月在青天影在波。

今译:

心灵里面的物质欲望,一丝一毫都没有,就像炉火把雪花消融,太阳将冰块融化。眼睛里面的空旷境界,时时处处都自在,就像皓月悬挂在夜空,月影投映在水里。

点评:

佛家认为,众生皆有佛性。每个人的心中,都有清风明月般清明的本性,只是被贪嗔痴等世俗的欲望给掩盖和污染了。将个人的得失宠辱看淡看破看空,少一分物欲,便可多一分清明,明心见性,洞察天机。反之,欲望太盛,私心太重,心神便会受到蒙蔽,以致头脑昏聩,不明事理。

诗思灞桥上，野兴镜湖边 ①

诗思在灞陵桥上②，微吟就，林岫便已浩然；野兴在镜湖③曲边，独往时，山川自相映发④。

今译：

诗歌的情思在于灞陵桥上，微吟才就，山林峰峦仿佛也感染了诗意，一片洁白；野逸的情趣在于镜湖水边，独往之时，清澈水面倒映着层层山峰，多么秀美。

点评：

唐代诗人孟浩然，经常骑着一头驴子，在长安城里送别的经典场景灞桥，寻找着诗情画意，曾说："诗思在灞桥风雪中驴子上"。灞桥风雪，是一个非常静美的情境。在这里，微微吟成了一首好诗，整个的树林山谷便已经是一片洁白。晋代书圣王羲之的儿子王献之说："在山阴的路上行走，山光水色交相辉映，使人目不暇接。"可见大自然的唯美景致，可以激发起浓浓的诗情画意。

①此则亦见于明代李鼎《偶谭》。

②《北梦琐言》记郑綮语："诗思在灞桥风雪中驴子上。"

③镜湖：在浙江省绍兴会稽山北麓。

④山川自相映发：《世说新语·言语》，"王子敬云：'从山阴道上行，山川自相映发，使人应接不暇。'"

伏久者飞必高,开先者谢独早

伏久者飞必高,开先者谢独早。知此,可以免蹭蹬①之忧,可以消躁急之念。

今译:

潜伏得越久,飞得也越高;盛开得越早,凋谢得越早。知道了这个道理,就会为怀才不遇而忧愁,就可以消除急躁求进的念头。

点评:

《史记》中有一则典故说,春秋时期齐威王执政三年而无所作为。大臣淳于髡委婉地问道:"国中有大鸟,在王宫中停留三年,不飞又不鸣,请问大王是否认识此鸟?"齐威王回答说:"此鸟不飞则已,一飞冲天;不鸣则已,一鸣惊人。"于是颁布政令,很快国富兵强,天下大治。古人常说"百忍成刚",这是成就大事者的胸襟。潜伏时要坚韧不拔、养精蓄锐,等到时机成熟,该出手时就出手,最后一举成功。

---

①蹭蹬:失势的样子。

荣华只一时，玉帛归泡影

树木至归根①，而后知华萼枝叶之徒荣；人事至盖棺，而后知子女玉帛之无益。

今译：

树木到了落叶归根的时候，才知枝叶繁茂花朵鲜艳不过是短暂的荣华；世人到了钉上棺木盖的时候，才知子女儿孙金银财富毫无用处。

点评：

人到死时万事休。当一个人的生命行将就木的时候，曾经的花繁叶茂，都是随风消散的浮云。古语说："儿孙自有儿孙福，莫为儿孙作马牛。"一代人有一代人的生活。为身后之事、儿女未来忧心操劳，做的都是无用功，一点效果也没有。还不如看破，放下，过好眼前的生活。

---

①《传灯录》："六祖慧能涅槃时答众曰，'落叶归根，来时无日'。"

纵欲也是苦,绝欲也是苦

真空不空:执相非真,破相亦非真,问世尊如何发付①?在世出世:徇②欲是苦,绝欲亦是苦,听吾侪善自修持。

今译:

真正的"空"并不是什么也没有:执着于事相没悟到真谛,破除事相也同样没悟到真谛,请问佛祖您怎样来处理?身在俗世也可以超脱俗世:追求欲望是痛苦,断绝欲望也是痛苦,我们应该怎样去修持?

点评:

佛说"万法皆空",意图是要我们不要对变化无常的事物生起执着之心。但是,如果因此就把一切事相看空,认为空就是什么都没有,这就掉到一潭死水的境界中去了,人生就没有了生机活趣,仍然是不可取的。空不是什么都没有,而是不要去执着。同样,放纵欲望固然会痛苦,但要完全戒绝欲望,也同样是痛苦。关键是怎样升华欲望,转化欲望。只有把一己的私欲,转化成对他人对万物的大爱,才是至高无上的修持法门。

---

① 发付:发表意见。
② 徇:追求。

人品地位有尊卑，贪求忧虑无二致

烈士①让千乘，贪夫争一文，人品星渊②也，而好名不殊好利；天子营家国，乞人号饔餐③，位分霄壤也，而焦思何异焦声。

今译：

道没有区别。道义强的人能把千乘兵车拱手让人，贪心重的人对一文小钱争夺不休，虽两者品德修养有天渊之别，但前者贪求名声，后者喜欢金钱，二者的贪求与喜好并没有不同。当皇帝为经营国家操劳，当乞丐为填饱肚子而哀号，虽二者地位权势有天渊之别，但当皇帝的苦心焦思，当乞丐的沿门哀号，二者的焦虑与痛苦并没有本质的区别。

点评：

有钱有有钱的烦恼，没钱有没钱的忧虑。人在地位上有贫富贵贱，在生活方式上各不相同，但各有各的快乐，也各有各的痛苦。人生的幸福，并不在于地位的高低、官位的有无。人生一定要有超越的情怀，否则不论是名士还是天子，都在贪名谋利，在本质上并没有两样。

①烈士：重视道义节操的人。
②星渊：天上的星与地下的深潭。形容差别极大。
③饔餐：饔，早餐。餐，晚餐。泛指食物。

人情变化懒开眼，呼牛唤马只点头

饱谙世味，一任覆雨翻云，总慵开眼；会尽人情，随教呼牛唤马①，只是点头。

今译：

饱经世态的风雨炎凉，一任交情反复，我都懒得睁眼去观看；看穿了人情冷暖，随便人们叫我是马还是牛，我都会点头回应。

点评：

阅尽尘寰无限事，也无忧戚也无喜。对人性的体验越深，对世事的计较就越淡。这世上有肝胆相照、意气相投的朋友，也有阴险奸诈、两面三刀的小人。对前者要好好珍惜，对后者，根本不值得去瞅一眼；得势时别人尽情奉迎、说尽好话，失意时别人冷眼漠视、恶语相加。对此也全不关心，毫无芥蒂。随便你叫我什么，我都乐呵呵地应承。穷困失意，更能够磨砺出一颗坚定的心。

---

① 《庄子·天道》："呼我牛也而谓之牛，呼我马也而谓之马。"明吴从先《小窗自纪》亦云："应以马，应以牛，到处有游仙之乐。"可与此互参。

不为念想束缚,即是无念功夫

今人专求无念,而终不可无。只是前念不滞,后念不迎,但将现在的随缘打发得去,自然渐渐入无。

今译:

今人一心想要做到心无杂念,可念头始终不能"无"。只要使前一个念头不存心中,后一个念头不去预想,现在的念头不去执着,念头就自然渐渐地进入了"无"。

点评:

"无念"是佛教禅宗一个非常高深的境界,它的意思就是让杂念不要生起。但很多修禅的人,片面地执着在"无念"这两个字上,认为"无念"就是什么念头也没有,这实际上根本不可能做到。只要不是死人或植物人,念头就一定不会"无"。只不过在念头纷纭时,保持淡定宁静的心,才是"无念"的真谛和主旨。《金刚经》说:"过去心不可得,现在心不可得,未来心不可得。"不执着过去心、现在心、未来心,就可以转乱心为定心,转烦恼成菩提。

意所偶会成佳境，物出天然见真机

意所偶会便成佳境，物出天然才见真机，若加一分调停布置，趣味便减矣。白氏云："意随无事适，风逐自然清。"有味哉！其言之也。

今译：

意念偶有所会就是最佳境界，东西出天然才显纯朴韵致；如果增加一分人工的修饰，就会大大减少了天然趣味。白居易诗说："意念无为才能身心舒畅，风起自然才能使人凉爽。"真是值得玩味的至理名言。

点评：

人类纵然是巧夺天工，也终究比不上大自然的技术高超。盆景纵然很美丽，却失去了天然的风致。相比于人类社会，大自然最是单纯清净，韵味悠长。寄情于山水之中，一时间忘怀得失，在物我两忘的境界中，可以体会到生命最自然的真趣。反观那些官场上怀揣目的、阿谀奉迎之徒，会发现他们的嘴脸是分外的丑陋。万物贵在自然，人生贵在本色。

澈见自性，不必谈禅

性天澄澈，即饥餐渴饮，无非康济①身心；心地沉迷，纵谈禅演偈②，总是播弄精魂。

今译：

本性纯真明澈，哪怕是饿了就吃渴了就喝，都能使身心得自在；心地沉迷贪欲，纵然在谈论禅理研究佛法，也只是卖弄小聪明。

点评：

当今社会，谈禅说道成了时尚，但花拳绣腿敌不过真实功夫，夸夸其谈也不代表真修实证。所以说，真正的修行，不在于口上说得天花乱坠，而在于功夫下到实处。明末四大高僧之一的憨山大师有诗说："口念弥陀心散乱，喊破喉咙也枉然。"嘴上念着阿弥陀佛，心里面却坏主意不断，纵然喊破了喉咙，也不会有丝毫的受用。一个心理卑污灵魂黑暗的人，谈了一辈子禅，于解脱也无补。

---

①康济：安民济众。此指增进健康。

②演偈：解释佛家的偈语。

人心有了真境，即可自得其乐

人心有个真境，非丝非竹而自恬愉，不烟不茗而自清芬。须念净境空，虑忘形释①，才得以游衍②其中。

今译：

人心有真实美妙的境界，不需要丝竹管弦也能恬静愉快，不需要燃香饮茶也有清新芳馨。必须意念干净，境界空明，忘却烦恼，身体放松，才能身临其境，去充分体验。

点评：

佛家讲，人人皆有佛性，众生皆可成佛；只是这纯净的佛性，常常被世间的情欲名利熏染。禅宗的神秀大师说："身似菩提树，心如明镜台。时时勤拂拭，勿使惹尘埃。"如果想唤醒心中清明的佛性，就要时时地将这颗被名利熏染的心擦拭干净。外在的花香再迷人，怎比得上心灵觉悟之香的芬芳？只要放空身心，内求于己，就能看到生命的真境界，活出人生的真性情。

---

①形释：指躯体的解脱。
②衍：漫延，扩展。

真不离幻，雅不离俗

金自矿出，玉从石生，非幻无以求真；道得酒中，仙遇花里，虽雅不能离俗。

今译：

黄金是从矿山中开采出来的，美玉是从石头中琢磨出来的，不经过虚幻就不能得到真实；仙风道骨可以从酒里面获得，神仙雅士经常在声色中逍遥：纵是高雅也不能脱离尘俗。

点评：

佛法在世间，不离世间觉。人生就是一段去粗取精、去伪存真的历程。矿砂要冶炼才能成为黄金，玉石要雕琢才能成为美玉，人也必须历经一番风雨，才能获得真正灵性的成长。在修行的时候，也不必远离红尘。在矿中遇真金，在石中得美玉，在幻相中可以感悟到真理；在酒中悟道，在花里遇仙，在俗事里成就高雅的情致。

俗眼观来万物异，道眼观来万物同

天地中万物，人伦中万情，世界中万事，以俗眼观纷纷各异；以道眼观种种是常。何烦分别，何用取舍？

今译：

天地中的万物，人伦的万情，世界中的万事，用俗眼来看各不相同，用天眼来看并没有差别，何必要分别取舍？

点评：

天地间山河草木等万物，人世间家庭引起的种种情感，乃至于世间一切事物的利害得失，如果用普通人的眼光来观察，确实是千头万绪纷乱不堪。如果用悟道者的眼光来观察，则千差万别的事物，本质上一律平等，并没有高低贵贱的分别，因此不必对他们有什么憎爱和取舍。人对于万物有差别心，就会生起分别念。《金刚经》："凡所有相，皆是虚妄。"打开了智慧的天眼，就不会被人间万象、世事纷乱的幻象所迷惑，就能透过现象看到事物的本来面目，掌握其发展变化的规律。

天地冲和气美，人生淡泊真纯

神酣布被窝中，得天地冲和之气；味足藜羹饭后，识人生淡泊之真。

今译：

安然舒畅地睡在粗布棉被中，可以吸收天地间的元气；幸福快乐地满足于粗茶淡饭，能够体会淡泊人生的真实乐趣。

点评：

物质上的富足可以让人快乐一时，精神上的愉悦可以让人快乐一世。君子坦荡荡，小人长戚戚。君子快乐，是因为对大道的感悟；小人忧愁，是由于对生计的营求。君子感悟大道，胸怀坦荡，在任何情形下，都能涵养元气，享受人生本真。粗茶淡饭吃得香，布被窝中睡得甜。

能休尘境为真境，未了僧家是俗家

缠脱只在自心，心了则屠肆糟廛，居然净土。不然，纵一琴一鹤，一花一卉，嗜好虽清，魔障终在。语云："能休尘境为真境，未了僧家是俗家。"信夫！

今译：

被束缚还是得解脱，都取决于一心。心能了悟，肉店酒坊也会变清净土。不能了悟，纵使是和琴鹤为伍，和花草为伴，爱好虽然清雅，妨碍解脱的魔障还在。宋代大儒邵雍诗中说："内心没杂念，红尘就是解脱道场，心中欲念多，僧人和俗人就没有两样。"这话说得多好啊！

点评：

束缚或者解脱，都取决于人心，这是佛教经典中经常谈到的话题。道信向禅宗三祖僧璨大师寻求解脱之道，僧璨问："谁把你束缚住了？"道信说："没有别人啊。"僧璨说："既然没有别人束缚你，你为什么还向别人寻求什么解脱呢！"道信言下大悟，悟到了"解铃还须系铃人"的道理。他下定决心追随三祖学禅，后来成为禅宗四祖。解开了心灵的束缚，红尘世界的一切，就再也不能污染我们。心中没有俗情，闹市也是净土；心中浊气冲天，僧家也是红尘。

万虑都捐，一真自得

斗室中万虑都捐，说甚画栋飞云、珠帘卷雨[1]；三杯后一真自得，唯知素琴横月、短笛吟风。

今译：

住在斗室里面，抛弃了所有的私欲杂念，哪里还羡慕什么画栋入云、珠帘卷雨的华屋？三杯酒下肚后，真情如泉水般喷涌，乘兴在月光下弹琴，沐浴清风吹着短笛。

点评：

中国士大夫对待物质生活向来比较随缘，而对精神生活则颇为注重，这是一个优良的传统。物质的丰盈需要客观条件，精神的愉悦则时时处处都可以营造。唐代文人刘禹锡名篇《陋室铭》，表达的也是"万虑都捐"而斗室不陋的境界，小小的斗室，不碍精神境界的超脱豁达，精神境界的高雅自得。人生的快乐，不在于你的房子宽敞不宽敞，饭食精美不精美，而在于你的胸襟开阔不开阔，你的心情喜悦不喜悦。

---

[1] 唐王勃《滕王阁序》："画栋朝飞南浦云，珠帘暮卷西山雨。"

天性未常枯槁，机神最宜触发

万籁寂寥中，忽闻一鸟弄声，便唤起许多幽趣；万卉摧剥后，忽见一枝擢秀，便触动无限生机。可见性天未常枯槁，机神最宜触发。

今译：

当天地间的声音都归于寂静时，忽然听到一只鸟儿悦耳的鸣叫声，会引发许多幽远的情趣；当深秋时所有花草都已凋枯后，忽然间见到一株小草发芽滋长，会触发起人内心的无限生机。可见万物的本性并不一直枯萎，它的生命力随时都会乘机发动。

点评：

遇到烦心事，且到山中游。当一个人独处在空旷的山谷，万籁俱寂时，忽然传来一阵阵鸟儿的叫声，清脆悦耳，你就会惊喜地发现，原来这个世界处处都蕴藏着生机。深秋时节，万木凋枯时，在枯草丛中，忽然看到一株绿色小草迎风摇，当下就触动了内心的无限生机。在大自然的寂寞中听到天籁，在凋零中看到生机，当我们在社会上遭遇孤独和坎坷时，就不会垂头丧气、自怨自怜，反而会振作起精神，激发出斗志。

善操身心，收放自如

白氏云："不如放身心，冥然任大造。"晁氏①云："不如收身心，凝然归寂定。"放者流为猖狂，收者入于枯寂。唯善操身心的，把柄在手，收放自如。

今译：

唐代白居易的诗说："不如放任自己的身心，一切都要完全地顺应自然。"宋代晁补之的诗说："不如收束自己的身心，凝神静虑达到寂定的状态。"放任身心容易有狂放自大的弊端；约束身心容易使人走上枯槁死寂的歧路。只有妥善掌握身心的人，才可能把握好尺度，可收可放得心应手。

点评：

道家追求笑傲江湖中，逍遥天地间，贵在效法自然，但流弊是割弃了礼仪道德；儒家主张礼仪法制，中规中矩，贵在明乎礼法，但是容易以礼法束缚人的天性。放浪形骸于天地者，往往流于疏狂不羁；恪守礼法而知变通者，又失去了做人的自然真趣。只有将二者结合起来，才能收放自如、得心应手。

---

①晁氏：宋人晁补之，字无咎。慕陶渊明而修归来园，自号归来子。

自然人心,融合无间

当雪夜月天,心境便尔澄澈;遇春风和气,意界①亦自冲融。造化人心,混合无间。

今译:

雪光皎洁的夜晚皓月舒光,人的心境也随之清澈明净;暖风吹拂的春季和气融融,人的情绪也随之和舒淡泊。可见大自然和人类的心灵,本来就息息相通浑然一体。

点评:

中国传统文化自古有"天人合一"的思想,人的心境和自然环境是一个密不可分的共同体。清风朗月,良辰美景,触发了诗人的无穷兴致;阴雨连绵,悲苦凄切,增添了诗人的不尽忧愁。月有阴晴圆缺,人有悲欢离合。自然景致,就是人心的显现。

---

①意界:心意的境界。

文以拙进,道以拙成

文以拙进,道以拙成,一拙字有无限意味。如桃源犬吠,桑间鸡鸣,何等淳庞。至于寒潭之月,古木之鸦,工巧中便觉有衰飒气象矣。

今译:

文章要拙朴才能有进步,道义要拙朴才能够修成。可见拙字里面有无限意味。陶渊明《桃花源记》说,"桃花源里狗在吠叫,桑树间的鸡鸣声远远都能听到。"这是多么淳厚古朴的神韵啊!至于清冷深潭倒映着月影,枯槁老树上栖息着乌鸦,在工巧中显出萧条衰败的气象。

点评:

古代中国是农耕社会,最讲求人的纯朴自然的秉性。所以,古人将少私寡欲、真诚勤勉的品行称为"守拙";相反,把那种投机钻营、左右逢源的行径,称为"机巧"。传统的儒释道精神,都是以"拙"为贵,赞扬简朴、纯真、自然的生活,反对浮华、投机、造作的生活。桃花源里的拙朴景致,是拙的生活方式的完美体现。而文人们追求的寒潭之月、枯藤昏鸦,则不免有了人为的造作,不如田野间犬吠鸡鸣,显得自然、恬淡。

应以我转物,莫以物转我

以我转物①者,得固不喜,失亦不忧,大地尽属逍遥;以物役我②者,逆固生憎,顺亦生爱,一毛便生缠缚。

今译:

以我为中心来主宰外物,得到了固然不会狂喜,失去了也不去挂怀,在任何地方都逍遥自在;失去自我而受外物操纵,挫折时会产生怨恨,得意时又会产生贪恋。哪怕是鸡毛蒜皮的小事,也会使身心困扰不已!

点评:

中国古代哲学家荀子说:"君子役物,小人役于物。"君子驱使外物,小人被外物所驱使。君子能够以心转物,使境随心转;凡夫俗子则心随物转,心为境缚。当开悟的时候,以心转物,就超越了得失的喜与忧;当迷失的时候,心为境牵,一点点的小事,也会把你拖到情绪的泥潭里。可见心灵是生命的主宰。当一个人的精神超越了外在的环境,不为外境所缠缚,一个更加广阔的世界,就会呈现在你的面前。

---

①以我转物:以我为中心来推动和运用一切事物。即我为万物的主宰。转,支配。

②以物役我:以物为中心,而我受物质的控制。

理寂则事寂,心空则境空

理寂则事寂,遣事①执理者,似去影留形;心空则境空,去境存心者,如聚膻却蚋。

今译:

理归于空寂,则事也归于空寂。抛开事而去追求理,就好像想要去掉影子却要留下形体一样荒谬;心如果能空,则外境也会随着空。舍弃外境而追求内心的空,就好像聚集膻臭却要驱赶蚊蝇一样事与愿违。

点评:

本体界的真心和现象界的事物共存。真心本体不存在,事物也就不存在。想离开现象界的事物,就不可能得到真心本体。没有悟道的凡夫总是被外境障碍了心,而悟道之人却可以用心来转变外在的环境。心空境自空,理寂事自寂。只要不执着,外境自然无。在喧嚣的世界里,能够做到心空,是一种高深的修养,能得到无穷的受用。

---

①遣事:排解、排除,放弃事物。

幽人韵事在自适，拘形泥迹落苦海

幽人清事总在自适，故酒以不劝为欢，棋以不争为胜，笛以无腔为适，琴以无弦为高，会以不期约为真率，客以不迎送为坦夷①。若一牵文泥迹②，便落尘世苦海矣！

今译：

幽雅的人风韵的事，贵在适应自己本性，喝酒以不劝饮为欢乐，下棋以不争胜为获胜，抚笛以不拘腔调为愉悦，弹琴以不设琴弦为高雅，会友以不预约为真挚；待客以不迎送为自然。假如有丝毫的勉强，就会落入尘世苦海，而毫无情趣可言了。

点评：

晋代陶渊明常抚无弦琴来自娱，自我陶醉说："但得琴中趣，何弄弦上音？"对于幽人来说，内心清净俗事少，与朋友游乐以怡神陶性为主，一切只求适应自己本性。因此喝酒时不劝谁多喝，以尽兴为乐；下棋时只是为了消遣，不去争强斗胜；吹笛只是为了怡情，不一定讲求音律；弹琴只是为了消遣，不一定要安上琴弦；和朋友约会是为了开心，不用事先邀约；客人来访要尽欢，不必送往迎来。智慧的人，心境高旷超脱，恬然安闲，不会被俗事所羁绊。

---

①坦夷：坦白快乐。
②牵文泥迹：为一些世俗礼节所牵挂拘束。

思量生前死后事，超越物外游象先

试思未生之前，有何象貌；又思既死之后，作何景色？则万念灰冷，一性寂然，自可超物外而游像先。

今译：

在没有出生之前，有什么形体相貌？在归于泥土之后，形体相貌又是什么？每想到这里，就会万念俱灰！只有那个纯明的本性，宁静而无染，能超脱声色的世界，遨游在天地未生前。

点评：

在没有出生之前，这个身体不存在；在死亡之后，这个身体仍然不存在。想清了这个道理，就会幡然醒悟，对身体的执着，对物质世界的痴迷，就可以当下破除。生命短促，精神永恒，唯有精神，觉悟的本性，才可能超越生死，万古长存。人生在世，最重要的事情，就是破除痴迷，获得觉醒。

思福为祸本,知生为死因

遇病而后思强之为宝,处乱而后思平之为福,非蚤智也;幸福而先知其为祸之本,贪生而先知其为死之因,其卓见乎!

今译:

得病之后想着健康的宝贵,遇乱之后思念平安是福报,这还不算是远见卓识;身处幸福而不忘"福兮祸之所倚",爱惜生命却也知道"有生必有死",这才是真知灼见。

点评:

凡事都应该洞察先机,正所谓"一叶落而知天下秋"。否则,亡羊补牢,为时已晚!可是在实际生活中,人们总是要经历过一番波折,一番痛苦,才能够深刻领悟其中的道理。失去了自由才知道自由的可贵,失去了健康才知道健康的重要。与其做个事后诸葛亮,不如在事前做好充分准备,防患于未然。

胜负与美丑,一时之幻相

优人傅粉调朱,效妍丑于毫端。俄而歌残场罢,妍丑何存?弈者争先竞后,较雌雄于着子。俄而局尽子收,雌雄安在?

今译:

演员歌者在脸上抹胭脂涂口红,用化妆的彩笔来表现美丽丑陋。转眼间歌残舞散曲终人去,刚才的美丑又在哪里?下棋的人在棋盘上激烈地厮杀,用棋子决定胜负。转眼之间棋局结束棋子收起,刚才的胜负又有什么意思?

点评:

在时空无寻的苍茫宇宙中,人生百年也不过是电光石火沧海一粟。一切是非成败,都是转瞬成空。人生好比是演戏,曲尽人散一场空。待到歌残舞歇日,繁华谢幕,所有爱恨情仇,也都悲欢随风。人生又好比是下棋,棋局里你厮我杀,争强斗胜,到头来收起棋盘,成败喜乐亦归空。在漫长的时间里,在广袤的天地中,再盛大的功名富贵,也如浮云般飘过,留不下任何影踪。明白了这个道理,又何必为一时的成败得失而耿耿于怀,痛苦纠结呢?

静者风花主,闲者天地真

风花之潇洒,雪月之空清,唯静者为之主;水木之荣枯,竹石之消长,独闲者操其权。

今译:

微风中花朵的姿态潇洒飘逸,雪夜中明月的光华皎洁空明,只有内心宁静的人,才能成为它的主人;水位涨涨落落树木或荣或枯,竹子节节生长山石岁月留痕,只有意态悠闲的人,才能觉察到它的本真。

点评:

在红尘俗务中疲于奔命的人,很难有闲情逸致。心为名利的缰绳捆缚,眼中所见,皆是成败得失、人我是非、纷纷扰扰、烦恼纠结。将俗眼的烟尘洗净,换一双慧眼看世界,你所见的将大为不同。用宁静祥和的心态,感受风中花朵的摇曳多姿,感受雪夜明月的冰清玉洁,看枝叶荣枯,石长石消。这美好的景致处处都有,只是缺少它的主人。当你放下了尘情俗念,这美景的主人就是你!

天性全则欲望淡，虽是凡人亦似仙

田父野叟，语以黄鸡白酒则欣然喜，问以鼎食①则不知；语以缊袍②短褐则油然乐，问以衮服则不识。其天全，故其欲淡，此是人生第一个境界。

今译：

和朴实的老农谈到黄鸡白酒时，他会手舞足蹈兴高采烈；问起山珍海味好酒好菜他却茫然不知。谈到长布袍和粗麻衣时，他会无拘无束舒坦欢乐；聊起黄袍紫蟒之类的官服，他就显得一无所识。老农保全了纯朴自然的本性，所以他对欲望才非常淡薄。这才是人生的第一等境界啊。

点评：

红尘有红尘的繁华，山野有山野的宁静。红尘中的人们，天性斫丧，欲望涌动。山野中的人们，天性保全，欲望淡薄。乡村虽然没有都市的繁华，却有着都市所不及的清静与宁和。山村野夫之乐，就在于单纯自然，粗茶淡饭之外别无所求。这样的生活虽然清苦，但远离了红尘中的疲惫烦恼，而有清风徐来，稻花飘香，也不失为人生的一大乐境。

①鼎食：鼎是古代富贵人家盛食物的锅。古时富贵人家钟鸣鼎食。

②缊袍：新绵加上旧絮所做成的棉袍叫缊袍。

观心增障碍,齐物破完整

心无其心,何有于观。释氏曰"观心"者,重增其障;物本一物,何待于齐。庄生曰"齐物"者,自剖其同。

今译:

心根本就没有心,哪里还用观什么心?佛家所谓观心,反而增加了修持的障碍;物本来就是一物,哪里还用强求什么齐一?庄子所谓齐一,反而割裂了万物的完整。

点评:

禅宗六祖慧能大师说:"本来无一物,何处惹尘埃。"人的心性原本就清澈纯净,何来尘埃?如果一味地强调扫除尘埃、修身养性,就好像在平静的心湖中无风逐浪,反而平添了波澜。如果片面地执着于佛教强调的观心,反而增添了修行的障碍;用俗眼来看,世间万物大小长短美丑高低形态各异,用天眼来看,万物形态各异本性上却并无不同,本来就是一体。既然这样,道家的庄子为什么还要强调万物的齐一?万物本来齐一,如果特意强调万物的齐一,反而割裂了万物的完整性。

达人撒手悬崖,俗士沉身苦海

笙歌正浓处,便自拂衣长往[1],羡达人撒手悬崖;更漏已残[2]时,犹然夜行不休,笑俗士沉身苦海。

今译:

酣歌艳舞达到了高潮的时候,便毫不留恋地离开,羡慕达道的人悬崖撒手;更漏已滴完天色快要亮时,仍汲汲奔走无暇休息,可笑凡俗的人沉身无边的苦海。

点评:

生活不是不可享受,关键是要把握好尺度。歌舞享受既可以成为载舟的水,也可以成为覆舟的水。水能载舟,亦能覆舟,关键看你能不能有所节制,把握好节奏。"花看半开,酒饮半醉。"能够把握分寸,就能享受生活的乐趣。同样,欲望不是不可以追求,但对欲望的追求过了度,就会被欲望牵着走,走上了一条不归路,反而是自受其苦,自取其咎。茫茫欲海无边际,劝君尽早回头。

---

[1]拂衣长往:毫不留恋。

[2]更漏已残:古代将一夜分为五更,每更约两小时。漏是用来计时的仪器。更漏已残形容夜已深沉。

心未定时绝尘嚣，心既定后混风尘

把握未定[①]，宜绝迹尘嚣，使此心不见可欲而不乱，以澄吾静体[②]；操持既坚，又当混迹风尘，使此心见可欲而亦不乱，以养吾圆机[③]。

今译：

当心志还不坚定难以把握时，应该远离红尘的诱惑，使此心见不到引起欲望的对象，这样就不会被扰乱，从而使我的静心保持着澄澈；等心坚志定可以自我控制时，就应该进入红尘，让此心面对可以引起欲望的对象，仍然能够抵挡，从而锻炼好自己圆熟的悟心。

点评：

从外境和心的关系来看，修行有三个层级，第一是借境调心，第二是对境无心，第三是以心化境。当修行的功夫还不高，定力不强，把持不住自己的时候，外境对内心有很大的影响，这时就要远离引起欲望的外境，远离红尘，远离诱惑，借助能使心灵安静下来的外境，到清幽的环境中培养心灵的定力。等定力强大的时候，就能对境无心，这时就可以进入红尘，面对引起欲望的事物，不为所动。这个功夫修养得纯熟了，就能够以心化境，用强大的内心，去转化外境。不但不会受到诱惑，反而能把一切的诱惑化解。地狱亦是天堂，魔宫亦是净土，这才是修炼的真正大成。

---

① 把握未定：心志未坚，没有自控能力。
② 静体：寂静的心的本性。
③ 圆机：佛教语，圆通机变。

人我一视，动静两忘

喜寂厌喧者，往往避人以求静，不知意在无人，便成我相①；心着于静，便是动根②。如何到得人我一视③、动静两忘的境界？

今译：

喜欢清静讨厌喧嚣的人，往往离群索居求得宁静。殊不知一心想要远离人群，早已执着了我相。如果一心想着寻求安静，就已埋下了躁动的根苗。怎么才能达到人我一体、动静两忘的境界？

点评：

人一旦有了分别心，就会产生诸多的烦恼。喜欢清静厌恶喧哗的人，希望隐居山林来获取安宁。殊不知，这种爱此恶彼的分别心，如果没有去除，那么山林再幽静，也带不来内心的安宁。因为躁动的根源，不在于外境，而在于内心。如果只是追求外境的宁静，是舍本逐末，治标不治本。

---

①我相：《金刚经》四相之一。

②动根：动乱之源。

③人我一视：我和别人融为一体，没有区别。

在山泉水清,出山泉水浊

山居胸次^①清洒,触物皆有佳思:见孤云野鹤^②而起超绝之想;遇石洞流泉而动澡雪^③之思;抚老桧寒梅而劲节挺立;侣沙鸥麋鹿而机心顿忘。若一走入尘寰,无论物不相关,即此身亦属赘旒^④矣。

今译:

隐居在山林胸怀洒脱,所见之物都会触发美好情思:看见孤云野鹤就会生起超尘绝俗的念头;遇到山谷溪涧的流泉就会生起洗濯杂念的兴致;抚摸老桧和寒梅就会效法威武不屈的气节;交往沙鸥麋鹿就会顿时泯灭奸诈的心机。假如再度走回烦嚣的都市,且不说与诸事已格格不入,就连自己的这一具臭皮囊也纯属多余。

点评:

徜徉于山水,忘情于泉谷,可以净化心灵,陶冶性情。当一个人面对种种自然妙趣,很容易触景生情,忘怀得失。所以,古代的士大夫常常以游山玩水来寄托情怀。现代人生活节奏快,加上城市化的迅速发展,人和自然的距离越来越远,山水之乐成了一种奢侈。然而无论怎么繁忙,人们都应该抽出一点时间,亲近大自然,在自然山水中感受不一样的生活乐趣。

---

①胸次:胸怀。
②孤云野鹤:喻自由自在的不羁之物。唐刘长卿《送方外上人》:"孤云将野鹤,岂向人间住。"
③澡雪:澡,沐浴;雪,洗涤。澡雪指除去一切杂念保持心灵的纯洁。
④赘旒:赘,多而无用,旒,旗下所垂之穗。引申为多余的装饰物。

野鸟作伴，白云相留

兴逐时来，芳草中撒履闲行，野鸟忘机时作伴；景与心会，落花下披襟兀坐①，白云无语漫相留。

今译：

当兴致来临的时候，在芳草地上携杖闲行，野鸟见人没有机心也会飞来做伴。当与美景会心时，落花下敞开衣襟静坐，白云也被感动得无语，与我相依恋不忍离去。

点评：

人的一生，可以充分经历红尘都市的繁华热闹，也可以充分享受山水自然的宁静之美。对于倦怠红尘的尘世中人来说，在匆遽的生命中，留出一段静美的时光，欣赏自然山水田园，更能显示出生命的丰富与多维。当放空了心灵，流连陶醉于自然山水时，是一件无比美好的事情。在如茵的芳草地上挂杖而行，野鸟时不时地在身边飞翔欢鸣；在缤纷的花树下怡然静坐，花瓣簌簌落落地沾满了衣襟，白云也驻留下脚步，陪伴我的一往情深。大自然是生命的外化，生命是内化的自然，彼此融合无间，成为一个宇宙的大生命。

---

①兀坐：静坐。兀，不动的意思。

念头稍异,境界顿殊

人生福境祸区,皆念想造成。故释氏云:"利欲炽然,即是火坑;贪爱沉溺,便为苦海;一念清净,烈焰成池;一念警觉,船登彼岸。"念头稍异,境界顿殊,可不慎哉!

今译:

人生的幸福和灾祸,都是主观意念所造成。所以佛经上说:"利欲炽盛,就是火坑;贪爱无度,就是苦海。一念清净,火坑就变成清凉池。当下觉悟,智慧船就登上了解脱岸。"念头稍不一样,境界截然不同。不能够不慎重对待啊!

点评:

福由心生,祸由心造。人生的幸福与苦恼,都是由自己的观念所造成。中国古代著名的劝善书《太上感应篇》中说:"福祸无门,惟人自招。"当一个人利欲熏心、贪爱无度,整个人就掉到了欲望的火坑里,时时刻刻被欲火焚身。如果及时警醒,让心念干净,熊熊燃烧的火坑就变成了清凉的水池,在苦海中颠簸的舟船当下就可以到达彼岸。修行的根本,就是在修心,所以要在心念上痛下功夫。熄灭熊熊的欲火,生起清醒的智慧,才能做自己的主人。

学道须求索,得道自然成

绳锯木断,水滴石穿,学道者须加力索;水到渠成,瓜熟蒂落,得道者一任天机。

今译:

绳子可以锯断树干,水滴可以凿穿石头,所以学道者应该努力用功;水流会自然汇聚成沟渠,瓜熟花蒂自然会落下,努力用功自然会有所成就。

点评:

中国古代学者荀子说:"不积跬步,无以至千里。不积小流,无以成江海。"一个人如果想成就一番事业,必须要有锲而不舍的精神,辛勤耕耘,努力付出,就会功到自然成。量变引起质变,持之以恒、用心付出,便一定会有收获。怕就怕做事浅尝辄止,最后一无所获、一事无成。

心清风月来，心远炎嚣灭

机息时便有月到风来，不必苦海人世；心远处自无车尘马迹，何须痼疾丘山①。

今译：

机心止息时明月清风就会到来，不必再将人世看成是苦海；心境高远时就不会有车马喧嚣，哪里还用把丘山爱得死去活来？

点评：

《维摩诘经》说："心净则国土净。"熄灭了机诈钻营之心，生命中当下就会有清风明月，这红尘人世就不再是无边的苦海，娑婆世界当下便成为极乐天堂。晋代诗人陶渊明《饮酒》诗说："结庐在人境，而无车马喧；问君何能尔？心远地自偏。"只要心境悠然高远，纵然是置身闹市，也不失闲淡与宁静。

---

①痼疾丘山：痼疾，本指难以治愈的疾病，这里是迷恋不能自拔的意思。晋陶渊明《归园田居》："少无适俗韵，性本爱丘山。"又《饮酒》："结庐在人境，而无车马喧。问君何能尔，心远地自偏。"

生生之意,天地之心

草木才零落,便露萌颖于根底;时序虽凝寒,终回阳气于飞灰。肃杀之中,生生之意常为之主,即此可以见天地之心。

今译:

花草树木的叶子刚刚飘落,根底就露出了细细的嫩芽;季节虽然到了寒冬,却有阳气在其中孕育。在肃杀之中,常常蕴含着生生不息的力量,由此可见天地育养万物的好生之德。

点评:

何谓"生生之意"?《易经》说"生生之谓易",又说"天地之大德曰生"。宇宙天地育养万物,充满无限的生命力量;亘古以来,万物生生不息。这就是宇宙的至大之德、生生之意。何谓"天地之心"?《易经》说:"复,其见天地之心乎!"《易经》的复卦,反映出物极必反、此消彼长的中国智慧。阴阳消长变化,万物相辅相成,充满勃勃生机,这就是"天地之心"。

雨后观山色，夜静闻钟声

雨余观山色，景象更觉新妍；夜静听钟声，音响尤为清越。

今译：

雨后天晴观赏山间景色，更觉秀丽清新；夜深人静听闻经殿钟声，更觉清亮悠扬。

点评：

远山经过一场新雨，清扬婉丽，别有一番新鲜灵动的风致。夜深人静时分，红尘喧嚣渐渐归于静寂，经殿的钟声在耳边响起，一声比一声清越、悠扬。这是洗净了尘垢的世界，是繁华剥落了的世界，一切的一切，是如此的明丽、清幽和宁静。走过了红尘，阅尽了繁华，经历过夏花之绚烂，更能体悟秋叶之静美。

雪夜读书，使人神清

登高使人心旷，临流使人意远。读书于雨雪之夜，使人神清；舒啸于丘阜之巅，使人兴迈。

今译：

登上高山使人心旷神怡，面临流水令人意念高远；在雨雪的夜晚读书使人神清气爽，在高冈上仰天长啸使人兴致豪迈。

点评：

南朝梁代刘勰在《文心雕龙》中说："登山则情满于山，观海则意溢于海。"站在高山上看山，情感就漫满了高山；站在大海边看海，心情就像潮水一样澎湃。天人合一，情感共振。登高望远，振奋起开阔的胸襟。面临流水，触发起绵绵的情意。在雨雪的夜晚读书，让人神骨俱清；在高高的丘冈上仰天长啸，使人逸兴遄飞。全身心地投入观看的对象中，充满着热爱，就会收获到不一样的精彩。

心旷万钟轻,心隘一发重

心旷则万钟如瓦缶①,心隘则一发似车轮。

今译:

心胸豁达开阔,把万贯家财看得像破瓦罐那么微不足道;心胸狭窄计较,把头发丝一样的小事看得像车轮那么大。

点评:

你所看到的一切,是你内心的投影。心大了,世界就小了;心小了,事情就大了。胸怀决定格局,格局决定未来。秦朝丞相李斯说:"河海不择细流,故能成其大。"波澜壮阔的人生,离不开海纳百川的胸襟。人们常说:"心有多大,舞台就有多大。"成功的路上,不仅需要有高远的梦想,更需要有为人处世的博大胸襟。

---

①瓦缶:装酒的瓦器,此指没价值的东西。

要以我转物，莫以物役我

无风月花柳，不成造化；无情欲嗜好，不成心体。是以我转物①，不以物役我②，则嗜欲莫非天机③，尘情即是理境矣。

今译：

大自然里没有清风明月、红花绿柳，就不是美好的大自然；一个人如果没有情欲嗜好，就不是完整的心体。重要的是以我来主宰外物，而不能让外物主宰我，这样的话情欲嗜好就会成为天机，尘世情感也符合了天理。

点评：

天地间有鸟语花香，人心中有七情六欲。人有欲望不可怕，可怕的是被欲望驱使，沦为欲望的奴隶。《庄子》中说："其嗜欲深者，其天机浅。"一个人任由欲望驱使，为获取富贵名利而不择手段，就很难保全纯真善良的秉性，缺乏天然的真趣。因此，人要做欲望的主人，在滚滚红尘中，保持内心的操守，不迷失生命的航向。

---

①以我转物：以自我为中心，将一切外物自由自在地运用。

②以物役我：以物为中心，而人成了物的奴隶为物所驱使。

③天机：天然的妙机。《庄子·大宗师》："其嗜欲深者，其天机浅。"

就一身了一身,还天下于天下

就一身了一身者,方能以万物付万物;还天下于天下者,方能出世间于世间。

今译:

能够跳出自我来看待自我的人,才能让万物按其本性去发展,做到物尽其用;能够把天下交还给天下人的人,才能身处尘世而又超然物外。

点评:

能跳出自我的立场来看自我,放下了尘情俗念,则万物无不是我,这时就不会把持万物为我所用,而是让万物各得其所。高山任它高,沧海任它深,白马任它白,黑马任它黑。如果有了把万物攫为己有的欲念,就会终其一生欲壑难填。同样,把天下还给天下人,心无欲念一身轻。虽然置身在尘世中,仍然活成大自在。

太闲杂念易生,太忙真性难现

人生,太闲则别念窃生,太忙则真性不现。故士君子不可不抱身心之忧,亦不可不耽风月之趣。

今译:

人生在世,太闲了就产生各种杂念,太忙了纯真本性就不易显现。所以士君子既不能没有对生命短暂的忧虑而珍惜光阴勤奋做事,也不能没有爱好吟风弄月的闲情雅趣。

点评:

周朝时,民间有一个祭祀百神的叫作"蜡"的节日,孔子带弟子子贡去看热闹。子贡担心百姓只顾玩乐,说这样的倾向很危险。孔子说:"文武之道,一张一弛",意思是老百姓长年累月在田间劳作,让他们放松一下,有张有弛,这是周文王与武王定下的规矩,这样便于更好地生产。人生在世,要张弛有度,劳逸结合。"张"就是拉紧,"弛"就是放松。把自己逼得太紧,整天忙于奔命,就会丧失生活的乐趣,容易疲惫麻木,甚至可能英年早逝;如果把自己放得太松,耽于安逸,又容易滋生各种杂念,以致消磨意志,枉度此生。

处处皆真境，万物有真机

人心多从动处失真，若一念不生，澄然静坐，云兴而悠然共逝，雨滴而冷然俱清；鸟啼而欣然有会，花落而潇然自得。何地无真境，何物无真机？

今译：

人心多因为躁动而失去本真。如果任何妄念都不产生，只是干干净净地静坐，看着白云的涌现并和它一起消逝在天边，感受着雨声的淅沥生起清凉的意境，听到鸟语呢喃欣然会意，看到落花飘零潇洒自得，那么何处不是真境？何物不包含真机？

点评：

人生在世，俗务缠身。为生计忙，为名利忙，很难保持心灵的宁静。心动则物欲生，物欲生则痛苦至，因此审美的静观，就成了中国传统文化的普遍追求。宋代大儒程颢诗曰："万物静观皆自得，四时佳兴与人同。"当一个杂念都不生的时候，就会在生活中感受到无数的美好，自然万物，四季风光，都成了唯美的风景。看白云，白云悠悠心亦悠悠；听新雨，新雨清凉心也清凉。有了这种审美的静观，就能将天地的大美，悉纳于方寸之间。

何喜非忧，欣戚两忘

子生而母危，镪①积而盗窥，何喜非忧也？贫可以节用，病可以保身，何忧非喜也？故达人当顺逆一视，而欣戚两忘。

今译：

孩子出生时母亲要冒着生命危险，钱财积累多了盗贼就会打主意，哪一件喜事中没有忧虑的因素？家境贫穷可以养成节俭的美德，身患疾病可以促使人保养身体，哪一件苦事中没有可喜的成分？因此在心胸豁达之人的眼里，顺境和逆境本就没有什么两样，不因好事高兴也不因坏事犯愁。

点评：

塞翁失马，焉知非福？任何事情都有两面性，利弊相随，福祸相依，重要的是保持乐观豁达的心态。《孟子》中说："穷则独善其身，达则兼济天下。"得志的时候大济苍生，不得志的时候就修养好自己的品性。人生起起伏伏沉浮无常，时贵时贱，时富时穷，时顺时逆，时阴时雨。只要保持乐观的心态，拥有长远的眼光，那么无论处在何种情境中，都能够泰然自若、游刃有余。

---

①镪：钱贯，即古代穿钱的绳子。这里指金银。

是非俱谢,物我两忘

耳根似飙谷投响,过而不留,则是非俱谢;心境如月池浸色①,空而不着,则物我两忘。

今译:

耳朵听到事情,像风吹过山谷一样,风过后什么都不留下,这样就不会被是非所困扰;心灵面对事情,就像池塘浸着月光,空明不着痕迹,这样就能把自我和外物都同时忘却。

点评:

佛说"五蕴皆空""六根清净"。之所以说"空""清净",是强调人们通过眼、耳、鼻、舌、身、意六种感觉器官,所感知到的现象世界,是因缘和合、变化无常,所以称"空"。既然是"空",就不要受到它的污染,这就是"清净"。在红尘世界中生活的凡夫俗子,把空看成是有,把假看成了真,并由此而生起强烈的执着。这样,感觉器官受到感知对象的扰动,就受到污染,生起了种种心识。所以,《金刚经》提倡"应无所住而生其心",强调观照万事万物时,不要被它们所束缚污染,这就是"过而不留"的审美境界。

---

① 《五灯会元·丹霞子淳禅师》:"宝月流辉,澄潭布影,水无蘸月之意,月无分照之心。水月两忘,方可称断。"

苦海无边，回头是岸

世人为荣利缠缚，动曰尘世苦海，不知云白山青，川行石立，花迎鸟笑，谷答樵讴。世亦不尘，海亦不苦，彼自尘苦其心尔。

今译：

世人被荣华利禄所束缚，动不动就说"尘世""苦海"，其实他们根本不曾留意：云如此的白，山如此的青，江河川流不息，巨石在耸立，花儿迎风舞，鸟儿在啁啾，渔人在吟唱，樵夫在高歌。这是多么美好的世界啊！这个"世"也不是充满了"尘"，这个"海"也不"苦"。那些说尘世、苦海的人，是让他自心蒙了"尘"，让他自心遭了"苦"罢了。

点评：

生活不容易，名利多误人。很多人动辄感叹红尘万丈，苦海无边，殊不知这世上有青山白云，有溪涧山石，有鸟语花香，有渔樵问答，这一切是如此的纯净，如此的美！这个世界本来没什么"尘"，这个人海本来也没什么"苦"，只是我们不能挣脱名利心的束缚，而自作自受，自蔽于境尘里，自溺于苦海中。如果能去掉心中的凡情俗气，则天地之间，都是一片净土，哪里还有什么"尘世"的无聊喟叹，有什么"苦海"的胡言乱语！

花看半开,酒饮微醉

花看半开,酒饮微醉,此中大有佳趣。若至烂漫酕醄,便成恶境矣。履盈满者宜思之。

今译:

赏花要赏到半开时为佳,饮酒要饮到半醉时最好,这里面实在有太多美妙的趣味。如果一定要到了花盛开酒烂醉的程度,就进入了糟糕浑浊的恶境了。志得意满的人,要仔细思量其中的道理。

点评:

月盈则亏,花开则谢,物极必反的盈亏之理,推动着世界亘古以来的演进发展。由此,中国传统文化认为:"天道忌盈,人事惧满",做任何事情都应该适可而止,留有余地,留有退路。所以,赏花要在似开未开之际,饮酒要在小醉微醺之间。儒家的中庸之道,正是千年来中国人处世哲学的无上心诀。

山肴野禽，味香且冽

山肴不受世间灌溉，野禽不受世间豢养，其味皆香而且冽。吾人能不为世法所点染，其臭味不迥然别乎？

今译：

山中野菜没有受到世人的浇灌，野外兽禽没有受到人为的饲养，它们都味香而冽。同理，一个人如能不被世俗名利熏染，他的性情气质也会迥然不同。

点评：

道法自然。道家认为，为人处世的最高境界，在于自然而然。山珍野味之所以美味可口，贵在纯乎天然；一个人的品性禀赋之所以可贵，重在纯真自然。假如一个人不受功名利禄的污染，品德心性就格外纯真，和充满铜臭的人有着天壤之别。那么，怎样才能保持自己的天性？老子主张，明知圆滑的好处却甘于诚实；虽然懂得谄媚会带来利益却刚正不阿；虽然知道富贵荣华的风光却甘于过一种朴实无华的生活；虽然知道美味佳肴好吃却是津津有味地吃粗茶淡饭。这就是不受世俗习气所污染的纯真自然的本性。

种花养鱼,贵在自得

栽花种竹,玩鹤观鱼,亦要有段自得处。若徒留连光景,玩弄物华,亦吾儒之口耳,释氏之顽空而已,有何佳趣?

今译:

栽花种竹,玩鹤观鱼,也要有一种悠然自得的境界。如果只是留恋光景,消磨时光,那就好比儒家所讲的肤浅之学,佛家所讲的顽空之境,有什么佳趣可言?

点评:

儒家思想主张积极入世,即便是栽种花竹和玩赏鸟鱼,也贵在能领会其中的趣味,陶冶情操、修身养性,更好地服务社会。如果只是沉迷于外表,被外物所迷,玩物丧志,就成了儒家所批评的口耳之学,没有实际受用;也成了佛教所批评的耽溺于顽空,成不了正果。

宁舍生取义,不尘世堕落

山林之士,清苦而逸趣自饶;农野之夫,鄙略而天真浑具。若一失身市井驵侩,不若转死沟壑,神骨犹清。

今译:

山林隐士,物质生活虽然清苦却享受着闲逸自得的情趣;乡间田野的农夫,学问知识虽然浅陋,却具有纯朴自然的本性。如果在市井中污染了自己的清名,倒不如死在荒野山谷中,保全清白的名声。

点评:

中国传统文化重义轻利,认为生活可以清贫,做人要有品节。隐士和农夫,物质的生活很简陋,纯朴的天性却得以保全。中国历史上的仁人志士也是一样,国难当前时,宁可英勇赴死,也不愿投降苟活。像南宋丞相文天祥被元兵俘虏后至死不屈,在诗中表示"人生自古谁无死,留取丹心照汗青",并在狱中作《正气歌》来抒发浩然正气,真正践行了儒家主张的"杀身成仁,舍生取义"的理想准则。

着眼要高,不落圈套

非分之福,无故之获,非造物之钓饵,即人世之机阱。此处着眼不高,鲜不堕彼术中矣。

今译:

不是命中分内应得的福分,无缘无故得到的收获,如果不是上天有意安排的诱饵,就一定是他人故意设下的圈套。在这种时候如没有远大的眼光,很少有人不落入圈套吃亏上当。

点评:

人为财死,鸟为食亡,自古以来,有多少人死在了贪财的路上,这都是因为贪欲膨胀。天上掉下的不是馅饼,只是别人用心设计的陷阱。因此,为人处世要有原则。非分之想不可有,不义之财不要贪。一分耕耘,一分收获。如果想有所得,必须先学会付出。幻想不劳而获,就会走入歧途。贪求"非分之福",就是灾祸的根源。别人有所图谋,会先从物欲上满足你,如果你没能看清,就会像鱼和鸟一样,贪食了诱饵,咬上了利钩,结果是把命丢掉。

人生如傀儡，掌控在自身

人生原是一个傀儡①，只要根蒂在手，一线不乱，卷舒自由，行止在我，一毫不受他人提掇②，便超出此场中矣。

今译：

人原本就是一个戏台上的傀儡，只要自己能掌握好控制木偶的绳子，一丝一线不紊乱，收放自如，让它动还是让它停全由自己来决定，一点都不受他人的牵制和摆弄，那么就可以超脱这场游戏了。

点评：

人生在世，每个人都像戏台上的傀儡。要想把握自己的命运，就不要被他人和外境所操控牵引。生活中会遇到形形色色的诱惑，这些诱惑会让我们迷失本心，忘记使命。唯有立定脚跟，不为乱花迷乱眼，不为情欲惑乱心，就能摆脱他人的摆布，获得生命的自由。

---

① 傀儡：木偶戏中的木偶人。《景德传灯录》卷十二临济禅师语："看取棚头弄傀儡，抽牵全藉里头人。"

② 提掇：上下牵引。

福祸相依，无事为福

一事起则一害生，故天下常以无事为福。读前人诗云："劝君莫话封侯事，一将功成万骨枯。"又云："天下常令万事平，匣中不惜千年死。"虽有雄心猛气，不觉化为冰霰矣。

今译：

一件事情起来了，就会有一种祸害产生，所以天下人常常把平安无事当作福气。我读到前人的诗中说道："劝大家不要津津乐道封侯之事了，因为名将的战功是千万个士兵的头骨堆砌而成。"又有诗说："只要能够让天下万世太平，哪怕匣中的剑一千年不出鞘也没有遗憾。"读完这些诗，即使是满腔的雄心壮志，也会瞬间化为冰雪，凉透心扉。

点评：

上天为你关上一扇门，同时会为你打开一扇窗。一件事有它的利益，也有它的弊端，这就叫"福兮祸之所伏"，灾祸往往藏身在幸福里。比如说不加节制地暴饮暴食，到头来就容易患上"三高"；不加节制地纵情酒色，到头来油尽灯枯被酒色掏空了身体。在快活之余，吞下了难咽的苦果。人生在世，生命不息，钻营不已，却不知洪福易享，清福难求。清福就是"无事为福"。能享清福者，方是悟道人。

清净之门，邪淫渊薮

淫奔之妇矫而为尼，热中之人激而入道，清净之门，常为淫邪之渊薮也如此。

今译：

一个跟人私奔的女子，可以伪装成尼姑；一个沉迷于权势名位而终日钻营的人，会因为愤激而成为道士。可叹那远离红尘的清净之地，常常成为淫邪之人的避身之所。

点评：

佛道之门本是清净的修行场所，但托身其中的往往有龌龊卑污之人。透过他们披着的外衣，看到了真相，实在让人惊诧不已！不是每一个穿着袈裟和道袍的都是真的和尚和道士。袈裟和道袍，也可能是魑魅魍魉的画皮。

身在事上,心超事外

波浪兼天,舟中不知惧,而舟外者寒心;猖狂骂坐,席上不知警,而席外者咋舌。故君子身虽在事中,心要超事外也。

今译:

波浪滔天时,坐在船中的人并不知道害怕,而站在船外的人却吓得胆战心惊;发酒疯谩骂同席的人时,那个人自己在酒席上不知道警惕,反而把站在席外的人吓得目瞪口呆。所以君子即使置身在某一件事的里面,但心智却要超然于事外。

点评:

当局者迷,旁观者清。一个人做出危险的事,怕就怕置身于事中却不自知。所以当置身在一件事情的里面时,要有超然事外的立场和视角,才能获得清醒的认识。理智思考,冷静处之,就可以避免做出令人后怕后悔的事。人在局中,往往不知道害怕和危险,而是意气用事,等到事后冷静下来开始后悔,而大错早已铸成,苦果已很难下咽。

减省一分，超脱一分

人生减省一分，便超脱一分[①]：如交游减，便免纷扰；言语减，便寡愆尤；思虑减，则精神不耗；聪明减，则混沌可完。彼不求日减而求日增者，真桎梏此生哉。

今译：

人生减少一分欲望，就增加一分超脱。减少交游，就能免除争执纷扰；减少言语，就能减少过失责难；减少思虑，精神就不会损耗；减少聪明，就能保全精神元气。那些不求日减反求日增的人，真是活活把自己束缚了一生！

点评：

在事业上要会用加法，在修行上要会用减法。在物欲横流的现代社会，修身养性时，应该学会断舍离，学会用减法，减掉过多的欲望和负担。要减交游，因为人生得一知己足矣；要减言语，因为祸从口出；要减思虑，因为思虑损耗精神；要减聪明，因为聪明的人常常算计别人也容易使自己短命。生活很简单，何不简单过？只因欲望太重，贪婪攫取，结果活得越来越沉重，越来越艰难。所以，一定要该删时就删，该减时就减。

[①]减省一分，便超脱一分：《道德经》："为学日增，为道日损。损之又损，以至于无为。"

寒暑易避，炎凉难除

天运之寒暑易避，人世之炎凉难除；人世之炎凉易除，吾心之冰炭难去。去得此中之冰炭，则满腔皆和气，自随地有春风矣。

今译：

大自然的酷暑寒冬容易躲避，人世的炎凉之态难以消除；即便人世的炎凉之态被艰难消除，人心中的恩怨也难以消去。如果能够去除心中的恩怨，那么满腔都是和气，处处都是春风。

点评：

人的修养往往体现在待人接物上。外在天气的冷暖很容易应付，人世的炎凉难以去除，"贫居闹市无人问，富在深山有远亲"。得势时门庭若市，失意时门可罗雀。人世的炎凉也可以去除，人心的恩怨却难以消去。因为"一朝被蛇咬，十年怕井绳。"因此，待人接物时，要以德报怨，冰释前嫌，就会满腔都是祥和之气，随时随地都如沐春风。

人生贵适意，心态自洒脱

茶不求精，而壶亦不燥；酒不求冽，而樽亦不空。素琴无弦而常调，短笛无腔而自适。纵难超越羲皇①，亦可匹俦②嵇阮③之。

今译：

不苛求精制的茶，就会常有茶喝，茶壶就不会干燥；不苛求甘美的酒，就会常有酒喝，酒杯就不会空。无弦之琴却能奏出令人身心愉悦的乐章，不讲音调的短笛却能使我心情舒畅。纵然比不上羲皇之世的民生淳朴，也可以媲美嵇康、阮籍的洒脱。假如能达到这种境界，虽然还不能算超越了中国远古时代的伏羲氏那样的清静无为，但起码也可以与竹林七贤中的嵇康、阮籍那种逍遥自在的心态相媲美。

点评：

中国人雅好饮茶喝酒，弹琴吹笛，但关注的重点不在于茶酒琴笛本身，而在于其中的趣味。茶酒不必很精美，关键是谁在饮谁在喝；琴笛不必很名贵，关键是谁在弹谁在吹。一杯粗茶可爽口，一壶浊酒可润喉，素琴妙曲如天籁，短笛无腔信口吹。人生的快乐幸福，原来竟可以用如此简单的形式获得。"但识琴中趣，何劳弦上声？"重在意境、神韵、趣味，超越形迹、器物、仪式，正是中国人极其崇高的审美心境。

①羲皇：上古皇帝伏羲氏。相传是他发明八卦，教民捕鱼畜牧。在他当政时期，民风淳朴，天下清平无事。

②匹俦：匹敌。

③嵇阮：嵇康、阮籍。三国时的嵇康和阮籍，均为著名的狂士，属"竹林七贤"之列，因对当时司马氏父子专权不满，遂佯狂放任，消极避世。

随缘素位,随遇而安

释氏之随缘,吾儒素位①,四字是渡海的浮囊。盖世路茫茫,一念求全,则万绪纷起。随遇而安,斯无入不得矣。

今译:

佛家讲求随顺因缘,儒家主张谨守本分,"随缘素位"这四个字,是渡过人生苦海的宝船。人生之路茫茫无边,一产生追求完美的想法,各种事情就会随之而来。只要能安然地面对所遇到的事情,无论在哪里,都可以自在怡然。

点评:

佛讲"随缘",不论好坏顺逆成败得失,都要随顺因缘,顺其自然,不患得患失,坦然接受。儒家讲"素位",安于当下所处的地位,在什么位置就做好什么样的事情,凡事按照本分去做,而不妄贪分外的事。随缘和素位、精义息息相通。随缘,就是不管事情怎么样,都要坦然去面对;素位,就是努力做好本分,不求尽善与尽美。随缘素位的人,能安然快乐过一生。事事都强求完美,就陷入烦恼和疲累。当然,随缘素位只是强调不要被欲望牵着走,并不是让人放弃奋斗和追求。

---

①素位:安于当下所处的地位,并努力做好应当做的事情。《礼记·中庸》:"君子素其位而行,不愿乎其外。"儒家的素位,犹禅家的"云在青天水在瓶"。